Funded by the Houston Area Library System
with a grant from the Texas State Library
through the Texas Library Systems Act
(H.B. 260) and the Library Services
and Construction Act (P.L.91.600).

BLACK&DECKER®

COLECCIÓN BLACK & DECKER PARA EL ARREGLO DE LA CASA MR

Carpintería: Herramientas-Anaqueles- Paredes-Puertas

tool-shelf-door

LIMUSA
GRUPO NORIEGA EDITORES
México • España • Venezuela • Argentina
Colombia • Puerto Rico

Contenido

CY DECOSSE INCORPORATED
Chairman: Cy DeCosse
President: James B. Maus
Executive Vice President: William B. Jones

CARPENTRY: TOOLS•SHELVES•WALLS•
DOORS.
Created by: The Editors of Cy DeCosse
  Incorporated, in cooperation with Black &
  Decker. **BLACK&DECKER** is a trademark
  of the Black & Decker Corporation, and is
  used under license.

Paredes

Puertas

Versión en español:
JOSÉ ÁLVAREZ QUIROZ

Derechos reservados:

© 1992, EDITORIAL LIMUSA, S.A. de C.V.
GRUPO NORIEGA EDITORES
Balderas 95, C.P. 06040, México, D.F.
Teléfono 521-50-98
Fax 512-29-03

Miembro de la Cámara Nacional de la Industria
Editorial Mexicana. Registro número 121.

Primera edición: 1992
(8025)

Esta obra se terminó de imprimir en Septiembre
de 1992 en los talleres de R.R. Donnelley & Sons
Company Book Group 1145 Conwell Avenue
Willard, Ohio, USA 44888-0002

La edición consta de 20,000 ejemplares más
sobrantes para reposición

Introducción

Aprender carpintería es un primer paso muy importante para realizar un buen número de trabajos de reparación y mejoramiento en el hogar. Con una poca de habilidad y destreza, más las herramientas adecuadas, uno puede hacer una gran cantidad de trabajos en toda la casa. Al hacerlo se tienen dos recompensas: se ahorra dinero por hacer uno mismo el trabajo; y se disfruta el sabor de triunfo que da terminar bien una tarea.

Carpintería: Herramientas·Anaqueles·Paredes·Puertas es un libro que está pensado para el hombre que quiere aprender lo básico de la carpintería; está escrito de manera sencilla, sin entrar en detalles técnicos. Las fotografías a todo color con que está ilustrado, sirven de guía para aprender a usar las herramientas esenciales, paso por paso, para hacer reparaciones y mejoras en el hogar. Se ha tenido especial cuidado de incluir consejos de profesionales que le ayudarán a llevar a buen término sus trabajos, en forma segura y precisa.

La primera sección, *Herramientas,* le enseñará a seleccionar un juego de herramientas básicas, que siempre se necesitan en la casa. Con estas herramientas podrá medir, cortar, barrenar, dar forma y desprender una amplia gama de materiales. Además de dar algunas recomendaciones para comprar las herramientas y la información técnica para utilizarlas, esta sección contiene una introducción sobre la madera maciza y la madera enchapada, así como los aglomerados; asimismo, explica cómo usar éste y otros materiales de la mejor manera para hacer los trabajos de carpintería que se necesiten.

Se aprende también qué clavos usar, los tornillos más adecuados para cada uso y los pegamentos que se deben utilizar. Finalmente, debe organizar su lugar de trabajo y prepararse para realizar sus proyectos. Para esto necesita construir un banco de trabajo y dos caballetes para serruchar. Las instrucciones que se dan en detalle le mostrarán cómo hacerlos.

Los capítulos subsecuentes describen trabajos de carpintería que le animarán a utilizar su habilidad y poner manos a la obra. Podrá construir anaqueles, paredes interiores, colocar molduras de madera y montar y reparar puertas. Las fotografías muestran cada parte del proceso con todo detalle y el trabajo ya terminado, aun antes de que se empiece.

Los trabajos realizados dan una sensación de satisfacción. *Carpintería: Herramientas-Anaqueles-Paredes-Puertas* le ayudará a llevar a buen fin estos trabajos, en forma segura y precisa, y hará que disfrute de su casa al máximo.

Herramientas y materiales

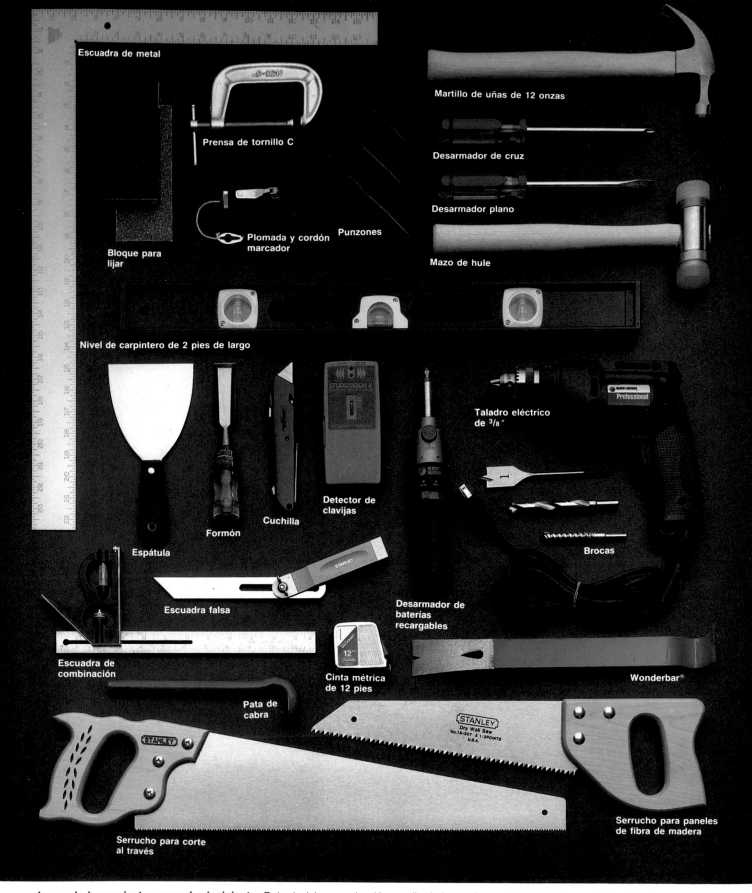

Escuadra de metal

Prensa de tornillo C

Bloque para lijar

Plomada y cordón marcador

Punzones

Nivel de carpintero de 2 pies de largo

Martillo de uñas de 12 onzas

Desarmador de cruz

Desarmador plano

Mazo de hule

Espátula

Formón

Cuchilla

Detector de clavijas

Taladro eléctrico de ³/₈″

Brocas

Escuadra falsa

Desarmador de baterías recargables

Escuadra de combinación

Cinta métrica de 12 pies

Wonderbar®

Pata de cabra

Serrucho para corte al través

Serrucho para paneles de fibra de madera

Juego de herramientas para el principiante. Debe incluir una selección amplia de herramientas de mano más un taladro eléctrico de ³/₈″ (9.52 mm) y un desarmador eléctrico de baterías recargables. Al comprar las herramientas se debe inspeccionar su buen acabado. Las herramientas de alta calidad están fabricadas en acero al alto carbono y sus superficies están maquinadas. Los mangos deben estar firmes y ajustarse al contorno de la mano.

Herramientas básicas

Para empezar a trabajar, no necesita hacer una gran inversión en herramientas de buena calidad. La caja de herramientas se puede ir formando poco a poco, según se van requiriendo. Es aconsejable invertir en herramientas de primera calidad fabricadas por compañías de reconocido prestigio. Una herramienta de buena calidad siempre está garantizada contra defectos de fabricación y materiales.

Las herramientas eléctricas tienen una etiqueta con las especificaciones en cuanto a potencia, velocidad del motor y capacidad de corte. Para comprarlas, se deben comparar estas especificaciones. Las herramientas de buena calidad tienen rodamientos de bolas o de rodillos, en lugar de chumaceras; asimismo, el cordón de conexión es reforzado y los interruptores son para trabajo pesado.

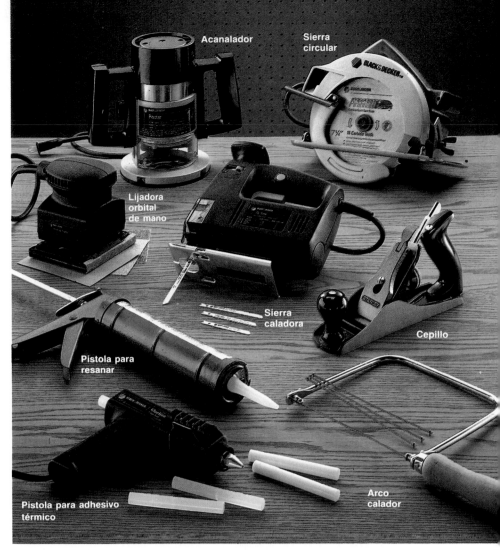

Acanalador

Sierra circular

Lijadora orbital de mano

Sierra caladora

Cepillo

Pistola para resanar

Pistola para adhesivo térmico

Arco calador

Juego de herramientas semi-profesional. En este juego se incluyen otras herramientas eléctricas y algunas herramientas de mano para trabajos específicos. Las hojas o cuchillas de las herramientas de corte se deben cambiar o afilar, según corresponda, cuando hayan perdido el filo.

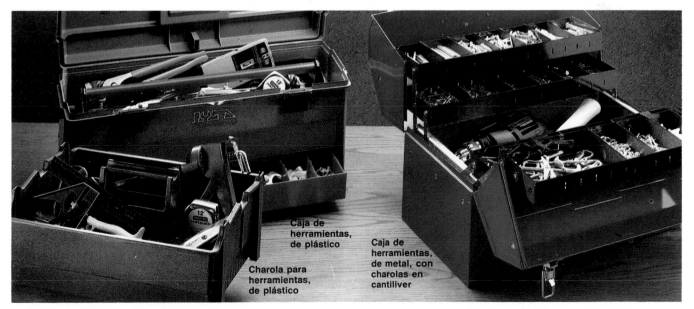

Caja de herramientas, de plástico

Charola para herramientas, de plástico

Caja de herramientas, de metal, con charolas en cantiliver

Caja de herramientas. Las cajas de plástico o metal son muy durables. Si tienen charolas en cantilever o compartimentos de plástico, las herramientas y los materiales siempre están organizados.

Herramientas de medición y trazo

Un paso sumamente importante en cualquier trabajo de carpintería es la medición precisa de distancias y ángulos. Se debe tener entre las herramientas un doble o triple metro metálico, con cinta flexible de 3/4″ (19.05 mm) de ancho; siempre es muy útil esta cinta en los trabajos caseros. Una escuadra de combinación es una herramienta compacta que se usa para medir y marcar ángulos de 45° y 90°. La escuadra de espaldón sirve para marcar los ángulos de 90°. La forma de transportar cualquier medida de ángulo es por medio de la escuadra falsa.

Para verificar que las superficies están a nivel y a plomo se necesita tener un nivel de carpintero de buena calidad, que tenga 2 pies (60.9 mm) de largo, con marco de madera o de metal. Se debe escoger un nivel que tenga tubos de vidrio que se puedan cambiar en caso de que se dañen. Cuando se requiere marcar líneas de mayor longitud, es indispensable tener a mano un cordón marcador y algo de yeso o cal.

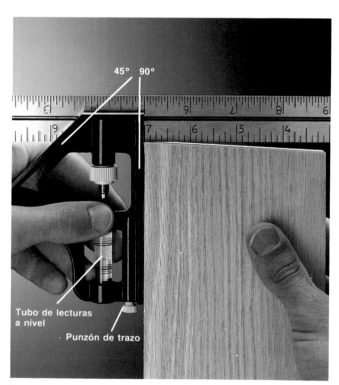

45° 90°

Tubo de lecturas a nivel

Punzón de trazo

Doble metro metálico. Una cinta métrica con hoja metálica de 3/4″ de ancho sirve para todo trabajo casero. Se debe comprar una cinta que tenga marcados los milímetros y 1/16 de pulgada; así se pueden marcar con exactitud la posición de vigas y pies derechos.

Escuadra de combinación. Esta escuadra es muchas herramientas en una. La manija ajustable tiene dos superficies rectas para marcar ángulos de 90° y 45°. También tiene un nivel de burbuja integrado. Algunas tienen también un punzón de trazo para marcar los cortes.

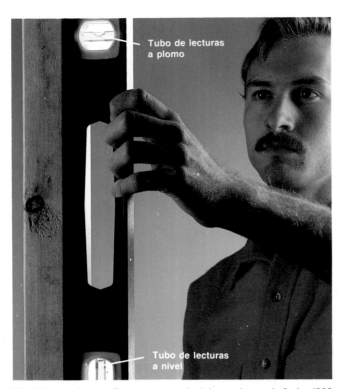

Tubo de lecturas a plomo

Tubo de lecturas a nivel

Nivel de carpintero. Se muestra un nivel de carpintero de 2 pies (609 mm) de longitud, que tiene un tubo de lecturas a plomo y otro tubo para lecturas horizontales. En la fotografía ambos tubos marcan que la pieza está perpendicular y a nivel.

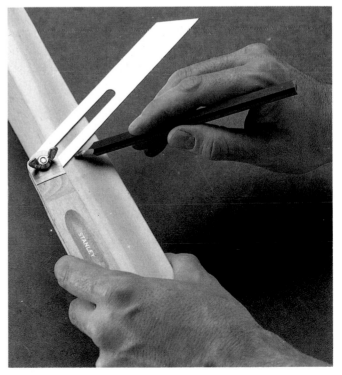

Cordón de marcar. Con este cordón se pintan líneas de regular longitud que se necesitan en algunos trabajos. Para marcar, se sujetan los extremos del cordón firmemente, se restira la cuerda y se suelta contra la superficie que se desea alinear. También se puede utilizar como plomada para colocar los bastidores de las paredes de madera (páginas 84-87).

Cómo duplicar ángulos con una escuadra

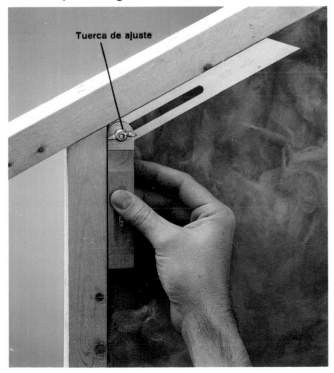

Tuerca de ajuste

1 Aflojar la tuerca de mariposa y ajustar los brazos de la escuadra a lo largo de la superficie de las piezas. Apretar la tuerca.

2 Colocar la escuadra falsa sobre la pieza de trabajo y marcar el perfil del ángulo. Cortar la pieza al ángulo correspondiente.

11

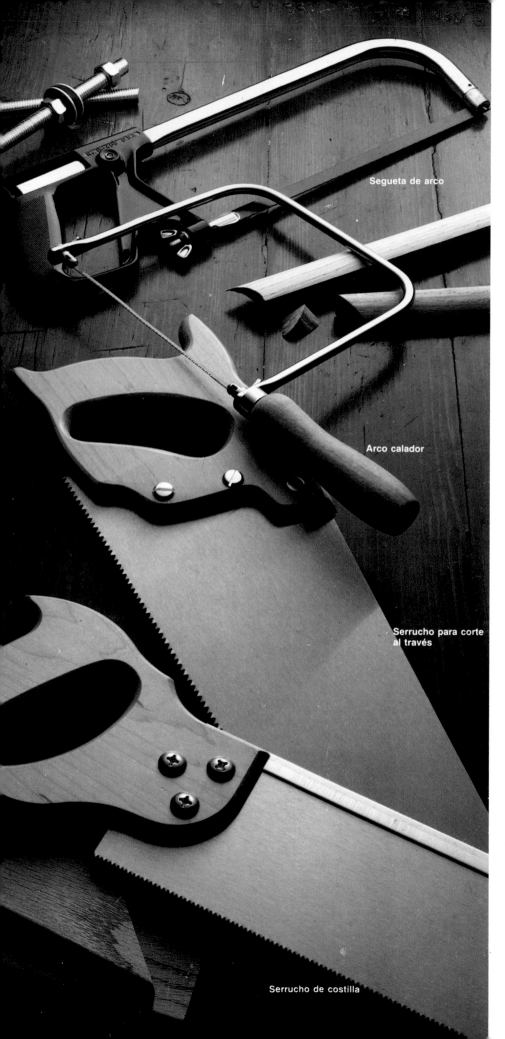

Segueta de arco

Arco calador

Serrucho para corte al través

Serrucho de costilla

Serruchos y seguetas

Los serruchos son más prácticos que una sierra eléctrica cuando se trata de hacer trabajos de corte sencillos y esporádicos.

El serrucho para corte al través es la herramienta normal para cortar la veta de la madera. Ocasionalmente se puede utilizar para hacer cortes al hilo paralelos a las vetas. Un serrucho de diez dientes por pulgada es una buena elección para hacer cortes en general.

Para cortes rectos se debe emplear un serrucho de costilla y una caja para ingletes; la costilla evita que se doble la hoja del serrucho, y la caja para ingletes sujeta la pieza para poder hacer cortes y chaflanes precisos en cualquier ángulo.

Con la sierra caladora se pueden hacer cortes curvos en materiales como la madera para molduras, por ejemplo. Esta herramienta tiene una hoja de metal tensada en un arco. Las espigas que sostienen la hoja sirven a la vez para rotar la hoja y hacer cortes en espiral o de contornos.

Las seguetas de arco están diseñadas para cortar metales. Como en el caso de la sierra caladora, sus hojas se cambian cuando pierden el filo.

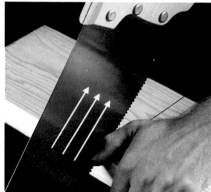

Inicio del corte. La madera se debe cortar al empezar mediante movimientos hacia arriba para marcar la línea de corte; en seguida se continúa con un movimiento suave, con el serrucho colocado a 45° en relación con la pieza de trabajo. Al principio se guía el serrucho con el pulgar puesto junto a la hoja.

Serrucho para corte a través. Este es el serrucho estándar para carpintero. Cuando se va a terminar de cortar, el movimiento debe ser suave y el tramo de desperdicio se sujeta con la otra mano; así se evita que la pieza de trabajo se astille.

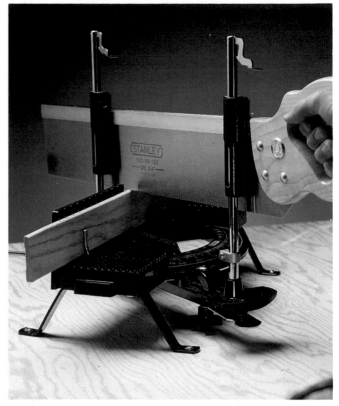

Serrucho de costilla y caja para ingletes. Con ambas herramientas se hacen cortes en ángulo precisos. La pieza de trabajo se sujeta con la mano o con una prensa de tornillo. La caja para ingletes se atornilla firmemente al banco de trabajo o a la superficie en la que se esté trabajando.

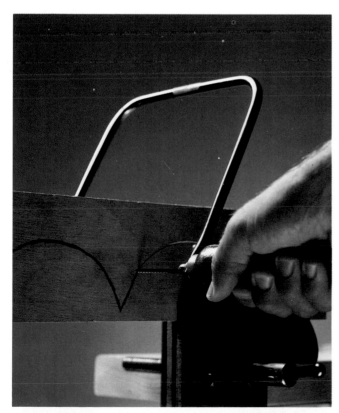

Sierra caladora. La hoja de esta herramienta es delgada y flexible, diseñada para hacer cortes curvos. Es indispensable para cortar y ajustar molduras de madera.

Segueta de arco. Esta segueta está diseñada para cortar metales. Los dientes de la hoja son finos. La hoja flexible debe quedar tirante en el marco.

13

Sierras circulares

La sierra circular eléctrica es ideal para hacer cortes en madera derechos y rápidos. Con sierras especiales es posible cortar metal, yeso y hasta concreto. La base de la herramienta tiene pivotes para ajustar la profundidad de corte; esta base gira para hacer cortes en chaflán.

Se debe comprar una sierra circular que tenga el disco de 7-1/4″ (184.1 mm) como mínimo. Con un disco de menor tamaño no se puede cortar madera de 2″ (50.8 mm), especialmente cuando se necesita hacer cortes en chaflán. El motor debe tener una potencia de 2 HP o más.

Como la sierra corta al girar hacia arriba, la cara superior de la pieza que se trabaja puede astillarse. Es por eso que se marcan las medidas en la cara opuesta, para proteger de esta manera la vista de la pieza que se corta. El lado bueno de la madera debe quedar mirando hacia abajo o hacia afuera de la base cuando se corta.

Verificación del ángulo de corte. Con una escuadra falsa o de combinación se mide el ángulo. Es conveniente hacer un corte de prueba en una madera que no sirva. Si la escuadra marca diferente, se ajusta la placa para compensar (página opuesta).

Regla guía. Para hacer cortes rectos de regular longitud, es conveniente colocar una regla de madera que sirva de guía. La regla se sujeta con una prensa de mano; la placa de la herramienta se apoya firmemente contra el canto de la regla, y la sierra se mueve a lo largo con suavidad.

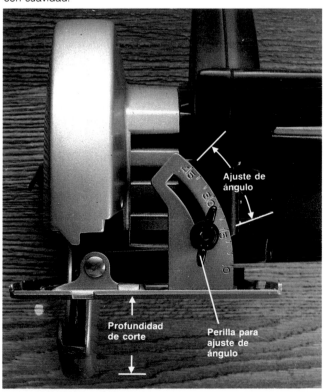

Ajuste del ángulo del disco. El ángulo de corte del disco se ajusta por medio del tornillo que está en la parte trasera de la sierra. Por precaución, el disco debe quedar ajustado de manera que se proyecte como máximo uno de sus dientes a través de la pieza de corte. El tornillo de ajuste debe estar bien apretado.

Discos para sierra circular. Hay discos para cada tipo de trabajo: con dientes con punta de carburo para uso general; con dientes finos para que no se astille la cubierta que tiene el dibujo en las maderas enchapadas; con dientes rectificados y ranurados para reducir la fricción en trabajos finos; y discos abrasivos para corte de metales y paredes de ladrillos.

Sierra caladora

La sierra caladora es la mejor herramienta para hacer cortes curvos. Su capacidad de corte depende de su potencia y de la carrera de la segueta. Se debe comprar una sierra adecuada para cortar madera terciada de 2″ (50.8 mm) de grueso y madera maciza de 3/4″ (19.05 mm). Algunos modelos tienen la base con pivotes; con este tipo de base se puede ajustar la herramienta para hacer cortes en chaflán.

Es recomendable comprar una sierra caladora de velocidad variable, ya que cada segueta está diseñada para diferente velocidad de corte y obtener así los mejores resultados. En general, se utilizan seguetas de alta velocidad cuando se corta con dientes grandes, y seguetas de baja velocidad cuando el corte se hace con dientes finos.

Por la acción reciprocante de la hoja, la sierra caladora tiende a vibrar. Las sierras de buena calidad tienen una base de acero gruesa para reducir la vibración. La vibración se minimiza todavía más si se sostiene la herramienta firmemente contra la pieza que se está trabajando y se mueve la sierra despacio para que la hoja no se doble.

Como la sierra corta en su carrera ascendente, la pieza de trabajo se puede astillar en la parte de arriba; si la pieza tiene una cara que proteger, esta superficie debe quedar colocada hacia abajo.

Hoja para cortes de desbaste

Hoja con dientes rectificados y ranurados para trabajos finos

Hoja delgada para cortes curvos

Hoja para corte de metales

Cuchilla para piel, vinil, hule

Hoja para corte a paño

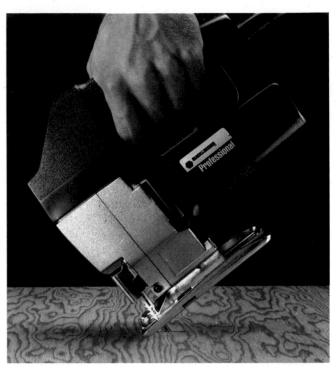

Seguetas para sierra caladora. Estas hojas vienen en diferentes tipos, según el material que se vaya a cortar. Se debe poner la segueta adecuada para cada tipo de trabajo. Si la segueta tiene 14 o más dientes por pulgada, se corta a baja velocidad. Las seguetas más gruesas requieren una velocidad de corte mayor.

Cortes rectos. Para hacer cortes rectos se apoya la orilla delantera de la base de la sierra contra la pieza de trabajo. Se empieza a cortar con la herramienta inclinada; paulatinamente se va poniendo en posición horizontal para que la hoja corte la madera.

Perilla de giro

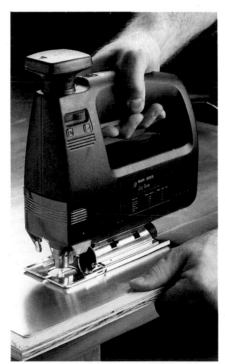

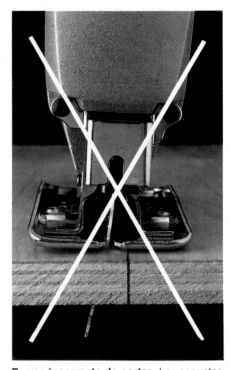

Cortes curvos. Los cortes curvos se hacen con una segueta delgada. La herramienta se mueve lentamente para evitar que se doble la hoja. Algunos modelos tienen una perilla con la que se puede girar la segueta, sin tener que dar vuelta a la caladora.

Corte de metales. Los metales se cortan con segueta de dientes finos y con la herramienta en la posición de baja velocidad. Para evitar la vibración, la lámina se coloca sobre una tabla. Las rebabas que deja la segueta al cortar se eliminan con una lija o con una lima.

Forma incorrecta de cortar. Las seguetas de la sierra caladora son flexibles, pero se rompen si se fuerzan. Cuando se hagan cortes en chaflán, o se pase por partes duras, como los nudos de la madera, se debe mover la sierra muy despacio.

Martillos

Los martillos se fabrican en una amplia variedad de formas y tamaños. Una buena adquisición es un martillo de cabeza con acabado fino, de acero al alto carbono, con mango de nogal, fibra de vidrio o de acero.

El martillo que más se utiliza en carpintería es el martillo de uña, de 16 onzas; está diseñado especialmente para clavar, asentar y sacar clavos. Para cualquier otro tipo de trabajo se debe utilizar el martillo adecuado. El martillo con cabeza magnética es muy útil para clavar tachuelas y clavos pequeños que son difíciles de sostener entre los dedos. Un mazo de hule o con cabeza de plástico sirve para golpear los formones sin dañarlos. Para golpear herramientas de acero, como cinceles o alzaprimas, se debe utilizar un martillo de bola; su cabeza de acero endurecido no se astilla.

Con un punzón se introducen las cabezas de los clavos para que queden ocultos y no se dañe la madera.

Cuidado del martillo. La cabeza del martillo se debe lijar periódicamente con una lija fina. La resina de la madera y el recubrimiento de los clavos se va acumulando en la cara del martillo, lo que provoca que el martillo se resbale y estropee la superficie de la madera, o que doble el clavo.

Martillo para tachuelas

Mazo de hule

Martillo de bola

Martillo de uña

Punzón

Consejos para usar el martillo

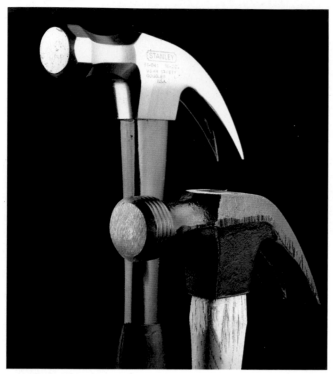

Martillo de uña. Con este martillo se clavan y se sacan los clavos. Se debe comprar un martillo de buena calidad (izquierda) con cabeza de 16 onzas. El acabado debe ser fino y el material acero al alto carbono. Los martillos baratos (derecha) se reconocen por estar pintados y con marcas visibles de la fundición.

Martillo con cabeza magnética. Este martillo es muy útil para poner tachuelas o clavos muy chicos que son difíciles de sostener con los dedos.

Mazo de hule. Este martillo tiene cabeza de hule o de plástico. Se utiliza para golpear los formones para madera. La cabeza suave no daña las herramientas finas para labrar la madera.

Martillo de bola. La cabeza de este martillo es de acero tratado térmicamente. No se despostilla cuando se golpean herramientas de acero endurecido o barretas de uña.

Punzón. Esta herramienta sirve para introducir los clavos y que la cabeza quede por debajo de la superficie de la madera. El punzón debe tener la punta más delgada que la cabeza del clavo.

Clavos

El amplio surtido de clavos hace posible escoger el tamaño y estilo exacto para cada tipo de trabajo. Los clavos comunes de alambre o los clavos de cajonero son útiles para trabajos en general, aunque los clavos de cajonero tienen un diámetro menor, por lo que se prefieren en trabajos de bastidores puesto que hay menos riesgo de que se astille o se parta la madera. Ambos tipos tienen una capa de vinil para aumentar su fuerza de sujeción.

Los clavos de acabado, o clavos sin cabeza, y los clavos para contramarcos se pueden empotrar con un punzón de tal manera que queden por debajo de la superficie de la madera. Los clavos para contramarcos tienen una cabeza pequeña y alargada, para sujetar mejor. Los clavos galvanizados están recubiertos con una capa de zinc para hacerlos resistentes a la corrosión, por lo que son los que se utilizan en trabajos que quedan a la intemperie.

Todos los demás clavos se identifican por el uso específico que se les dé. Hay clavos para madera de fibra prensada; también los hay para tablas de forro, para pared de ladrillos, pisos, etc.

El tamaño de los clavos está dado por números que van del 4 al 60, seguidos de la letra ''d'', que significa diminuto. Algunos otros se identifican tanto por su longitud como por su calibre.

Tamaños de clavos

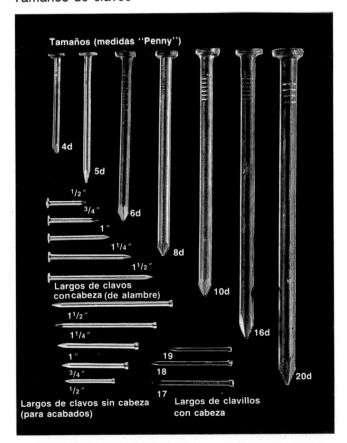

Tamaños (medidas ''Penny'')

4d
5d
6d
8d
10d
16d
20d

1/2 ''
3/4 ''
1 ''
1 1/4 ''
1 1/2 ''

Largos de clavos con cabeza (de alambre)

1 1/2 ''
1 1/4 ''
1 ''
3/4 ''
1/2 ''

Largos de clavos sin cabeza (para acabados)

19
18
17

Largos de clavillos con cabeza

Tipos de clavos

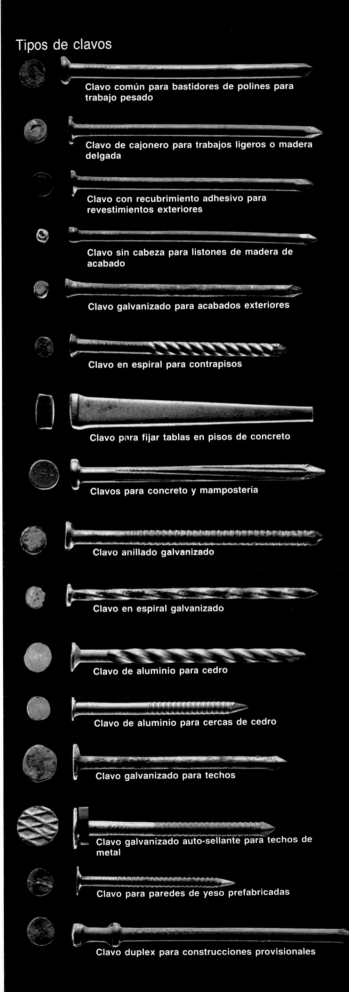

Clavo común para bastidores de polines para trabajo pesado

Clavo de cajonero para trabajos ligeros o madera delgada

Clavo con recubrimiento adhesivo para revestimientos exteriores

Clavo sin cabeza para listones de madera de acabado

Clavo galvanizado para acabados exteriores

Clavo en espiral para contrapisos

Clavo para fijar tablas en pisos de concreto

Clavos para concreto y mampostería

Clavo anillado galvanizado

Clavo en espiral galvanizado

Clavo de aluminio para cedro

Clavo de aluminio para cercas de cedro

Clavo galvanizado para techos

Clavo galvanizado auto-sellante para techos de metal

Clavo para paredes de yeso prefabricadas

Clavo duplex para construcciones provisionales

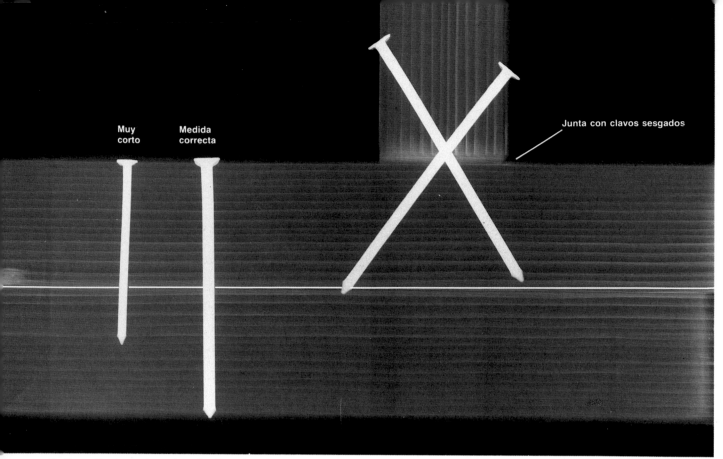

Junta con clavos sesgados

Muy corto

Medida correcta

Radiografía de madera clavada. Esta vista de rayos X muestra la forma en que penetran los clavos en la madera. El clavo más largo que une las dos tablas de 2 × 4 tiene una fuerza de sujeción mayor que el clavo pequeño. Cuando no es posible introducir los clavos perpendicularmente se introducen sesgados. Se clavan a 45° y desplazados, para que no choquen uno con otro.

Consejos para clavar

Clavos para concreto. Estos clavos se introducen mejor en las juntas del mortero que en los bloques de concreto. Es más fácil clavar en el mortero.

Placas de metal. Con estas placas es más fácil unir la madera, además de que se hace más rápido. También se utilizan para conectar los pies derechos con los tirantes superiores o inferiores.

Cómo sujetar un polín a una viga de acero

1 Impregne una de las caras del tirante con un adhesivo para construcción. Apriete el tirante de 2 × 4 con una prensa de mano en la cara inferior de la viga de acero.

2 Haga unos barrenos espaciados a 16″ (406.4 mm) y que pasen a través de la viga I, con una broca de 9/64″ (3.572 mm). Estos barrenos se hacen con el taladro en baja velocidad. Se pasan unos clavos de 3-1/2″, ó 16d, y se doblan en la base de la viga.

Clavos doblados. Los clavos doblados tienen más fuerza de sujeción. Primero se dobla el clavo y después con el martillo se deja al ras de la pieza de trabajo.

Clavo sin cabeza usado como broca. Se utiliza con buenos resultados un clavo sin cabeza para perforar madera maciza y hacer barrenos piloto. El clavo debe quedar bien apretado en la mordaza.

Barretas

Las barretas, llamadas también alza-primas o simplemente palancas, si son de buena calidad están hechas de acero al alto carbono; las hay de varios tamaños. Es recomendable comprar estas herramientas de ace-ro forjado, dado que las soldadas no tienen la resistencia de las barretas forjadas.

La mayoría de las barretas tienen cuñas en curva en uno de sus extre-mos, para sacar clavos, y en el otro extremo una punta en forma de cin-cel, para trabajos de demolición o donde se necesite hacer palanca. Se aumenta la palanca si se pone un pe-dazo de madera debajo de la cabe-za de la herramienta.

Wonderbar® . Esta barra saca-clavos está he-cha de acero plano, flexible. Es una herramien-ta muy útil para trabajos en que se necesita una palanca o para desarmar construcciones de madera. Sus dos extremos sirven para este propósito.

Barretas de demolición

Saca-clavos

Patas de cabra

Barretas Wonderbar®

Barretas. Las palancas de metal están hechas para trabajos de demolición y para sacar clavos, grandes y chicos. Las alzaprimas Wonderbar® se surten en varios tamaños, para uso ligero y pesado. Incluyen barretas, patas de cabra, uñas de gato y saca-clavos.

Barreta de demolición. Ésta es una herramienta rígida, para uso pesado; especial para trabajos de demolición. Siempre se debe poner un pedazo de madera debajo de la barreta para proteger la superficie de apoyo.

Uñas de gato. Esta herramienta, llamada también garra de gato, tiene un par de uñas en uno de sus extremos. Para sacar clavos se introduce debajo de la cabeza del clavo con ayuda de un martillo.

La mayoría de los trabajos de barrenado se hacen fácilmente si se tiene un taladro eléctrico. Los taladros que hay en el mercado son de 1/4″ (6.35 mm), 3/8″ (9.52 mm) y 1/2″ (12.7 mm). El número indica el diámetro máximo de broca que se puede montar en el mandril. Un taladro de 3/8″ es una buena compra porque se le pueden adaptar la mayoría de las brocas y accesorios que se necesitan para los diferentes trabajos. Si es un taladro de velocidad variable, reversible, podrá utilizarse en múltiples trabajos, como perforar muros de ladrillos y mampostería, introducir y sacar tornillos de paredes o tablas de fibra prensada. El modelo sin cordón da una gran libertad de movimiento, ya que no está restringido por la longitud del cordón, ni se necesitan extensiones eléctricas.

Cuando se compra un taladro se deben tener muy en cuenta detalles que muestran su buena calidad, como pueden ser: un cordón extralargo con su protector reforzado y un gatillo sellado para que no le entre polvo o materias extrañas. Un taladro fabricado con materiales de primera calidad es más pequeño, más ligero y más fácil de manejar que un taladro barato.

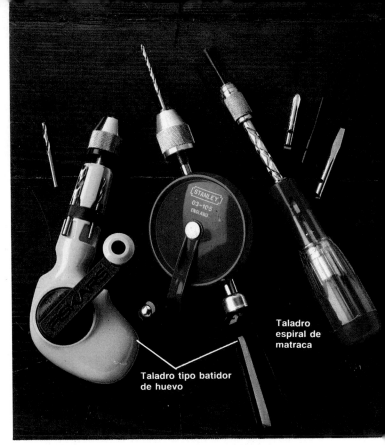

Taladro espiral de matraca

Taladro tipo batidor de huevo

Taladros de mano. Hay de dos estilos; uno es el taladro tipo batidor de huevo; el otro es el taladro espiral de matraca. El taladro de mano se prefiere cuando se hacen trabajos finos en madera o en trabajos de carpintería en los cuales no es conveniente utilizar un taladro eléctrico.

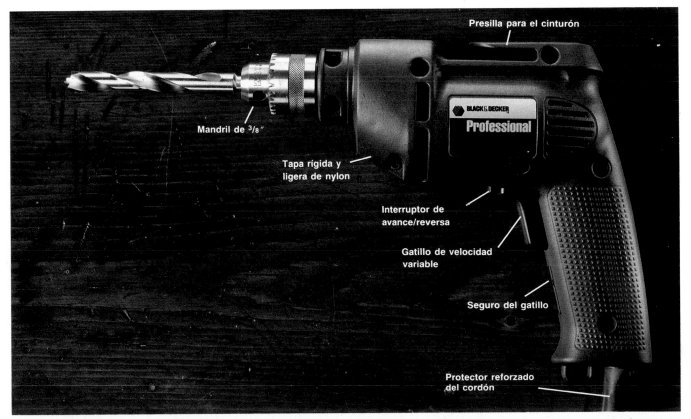

Presilla para el cinturón

Mandril de 3/8″

Tapa rígida y ligera de nylon

Interruptor de avance/reversa

Gatillo de velocidad variable

Seguro del gatillo

Protector reforzado del cordón

Características del taladro eléctrico. Se debe buscar que el taladro tenga un mandril de 3/8″ (9.52 mm), motor de velocidad variable, reversible, seguro en el gatillo para fijar la velocidad, cordón para trabajo pesado con su protector reforzado, tapa rígida y ligera de nylon; también debe tener una presilla para poder colgarlo del cinturón o de las bolsas del pantalón.

Brocas

Las brocas de dos gargantas o gavilanes sirven para perforar metal o madera. Las hay de varios tamaños, que van desde el grueso de un alambre hasta 1/2″ (12.7 mm) de diámetro. Algunas tienen su centrador en la punta, lo que facilita hacer un barrenado preciso. La mayoría de las brocas son de acero de alta velocidad o al alto carbono. Para barrenar acero inoxidable y otros materiales de alta dureza, se deben utilizar brocas con punta de titanio o de cobalto.

Para una perforación rápida y precisa de la madera se utilizan las brocas de punta y hoja, llamadas también brocas de manita, que tienen la punta larga y sus dos filos planos. También hay brocas para aplicaciones especiales; por ejemplo, para hacer barrenos extragrandes para la instalación de cerraduras en puertas, o para perforar concreto. Las brocas se deben guardar bien acomodadas, de manera que no choquen unas contra otras. Se deben limpiar con aceite de linaza para que no se enmohezcan.

Brocas de dos hilos. Estas brocas se usan para perforar madera o metal. La madera se barrena a alta velocidad; el metal se barrena a baja velocidad.

Broca con centrador. No se necesita marcar el centro con un punzón si se utilizan estas brocas. Su punta especial evita que la madera se astille y que la broca se atasque cuando se perfora metal.

Broca de punta de carburo. Para barrenar concreto se necesita utilizar este tipo de broca; también se utiliza para barrenar en paredes de ladrillos o de bloques. El taladro debe estar en baja velocidad, y el barreno debe lubricarse con agua, para evitar el sobrecalentamiento.

Broca para vidrio y azulejo. Estas brocas son indispensables para taladrar superficies vidriosas. En este trabajo es recomendable ponerse guantes y anteojos protectores. El taladro debe operar en baja velocidad.

Broca de corte. Esta es una broca que tiene la punta para perforar un barreno piloto y dientes laterales de corte a escofina para escariar la madera, plástico o metal de bajo calibre.

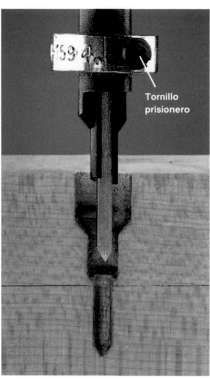

Broca de punta y hoja. Con esta broca se taladra la madera. La punta larga entra primero que los filos de la hoja. Se empieza a perforar en baja velocidad y se aumenta la velocidad gradualmente conforme la broca penetra en la madera.

Broca de abocardar ajustable. Esta broca perfora un barreno centrador, avellana y abocarda en una sola operación. El tornillo se afloja para ajustar la broca a la longitud y forma de la pieza que se va a introducir. Una vez ajustada, se aprieta el prisionero antes de empezar a perforar.

Broca para corte de tacos o tarugos. Con esta herramienta se cortan tacos circulares que se usan para cubrir los taladros avellanados.

Sierra perforadora. Esta herramienta tiene una punta centradora para hacer cortes precisos en madera en forma circular, como los que se necesitan para colocar las cerraduras en las puertas.

Puntas de desarmador. Las hay en varios estilos. Convierten el taladro de velocidad variable en una pistola desarmador.

Extractor. Con esta punta se pueden sacar tornillos con la cabeza gastada o degollada. Primero se taladra un barreno centrador con una broca de dos gavilanes; después se utiliza el extractor, con el taladro eléctrico en reversa, hasta que se extraiga el tornillo roto.

Consejos para taladrar

Haga una marca con un punzón, ya sea que trabaje con madera o metal. Este punto evita que la broca camine sobre la superficie de la pieza de trabajo.

Cubra el área a taladrar con un pedazo de cinta adhesiva cuando trabaje con piezas de vidrio o cerámica. La cinta adhesiva no deja que la broca camine sobre la superficie.

Coloque una pieza de apoyo debajo de la pieza de trabajo; así se evita que se astille la madera cuando la broca llega a la cara posterior de la pieza de trabajo.

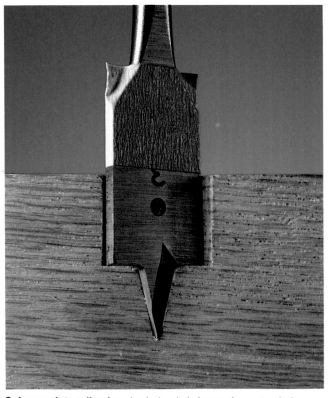

Coloque cinta adhesiva alrededor de la broca de punta y hoja para controlar la profundidad de corte. Barrene hasta que la orilla de la cinta quede al ras de la cara de la madera que se está trabajando.

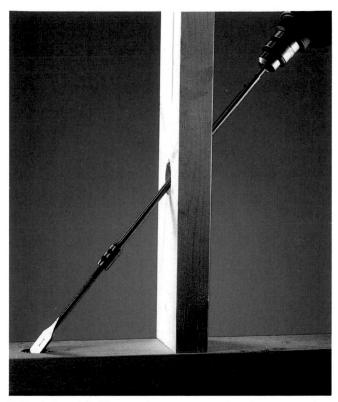

Lubrique el metal con aceite de corte cuando haga la perforación. El aceite evita que la punta de la broca se sobrecaliente. Utilice el taladro en baja velocidad cuando perfore metal.

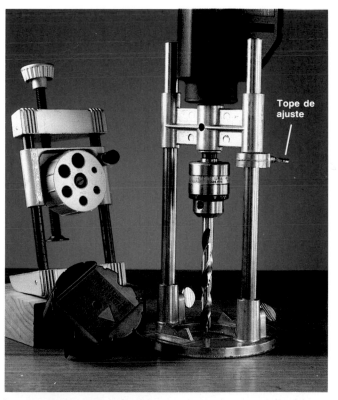

Utilice una extensión cuando tenga que perforar barrenos profundos o en lugares de difícil acceso. Perfore primero a baja velocidad hasta que la broca penetre lo suficiente en la pieza de trabajo.

Prebarrene la madera maciza o el metal con una broca de diámetro más pequeño que el requerido. Se evita así que la broca se atasque y que se astille la madera cuando se hace el barreno a la medida.

Los accesorios para guía de barrenado ayudan a controlar el ángulo de trabajo y se pueden hacer perforaciones perpendiculares con precisión. La guía de la derecha tiene un tope de ajuste con el que se puede controlar la profundidad del barrenado.

Desarmadores y tornillos

No deben faltar desarmadores planos y de cruz. Los desarmadores o atornilladores de buena calidad tienen la hoja o la punta de acero endurecido; su mango es grueso, fácil de apretar con la mano.

Para uso general, se puede ahorrar mucho tiempo y esfuerzo si se cuenta con un desarmador de baterías. Para trabajos más pesados y continuos, como la instalación de una pared de tabla de fibra prensada, es muy adecuada una pistola para atornillar eléctrica, con embrague ajustable para atornillar a diferentes profundidades.

Los tornillos se clasifican de acuerdo con su longitud, tipo de ranura, forma de su cabeza y calibre. El grueso del cuerpo del tornillo lo da el número de calibre, que va del 0 al 24. Entre mayor sea el número, más grande es el tornillo. Con los tornillos más largos se tiene mayor sujeción, aunque con los tornillos más pequeños se corre menos peligro de que se raje la madera. Para unir dos piezas de madera, el tornillo más adecuado es el que se introduce en toda su parte roscada en la pieza base.

Cuando la apariencia cuenta, se utiliza una broca de avellanado para perforar un barreno abocardado que esconda la cabeza del tornillo. Con la broca de avellanar, la cabeza del tornillo queda al ras de la pieza de trabajo, mientras que con la broca de abocardar la cabeza queda más abajo de la superficie de la madera; la perforación se tapa con un taco de madera.

Trompo

**Pistola para atornillar
tablas de fibra prensada**

**Desarmador de
matraca**

**Desarmador de baterías
recargables**

Desarmador plano

Desarmadores o atornilladores. Los desarmadores de uso más común son (de arriba abajo): trompo, para trabajar en espacios muy reducidos; pistola para atornillar tablas de fibra prensada; desarmador de matraca con puntas intercambiables; desarmador de baterías recargable con seguro en su eje; desarmador plano.

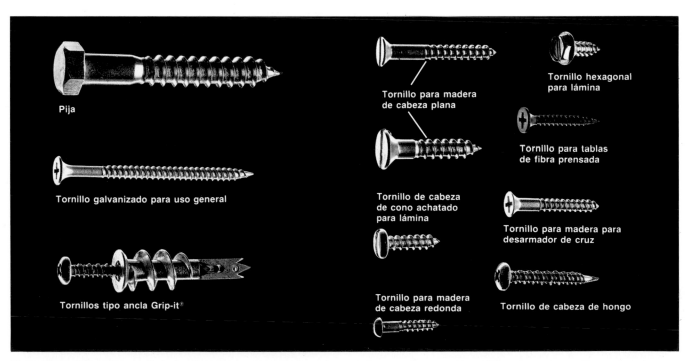

Pija

**Tornillo para madera
de cabeza plana**

**Tornillo hexagonal
para lámina**

Tornillo galvanizado para uso general

**Tornillo para tablas
de fibra prensada**

**Tornillo de cabeza
de cono achatado
para lámina**

**Tornillo para madera para
desarmador de cruz**

Tornillos tipo ancla Grip-it®

**Tornillo para madera
de cabeza redonda**

Tornillo de cabeza de hongo

Tipos de tornillos: Pija, tornillo galvanizado para uso general, tornillos tipo ancla Grip-it® , tornillos para madera de cabeza plana, tornillo con cabeza de cono achatado, tornillo de cabeza hexagonal para láminas, tornillo para tablas de fibra prensada, tornillos para madera con cabeza para desarmador de cruz, tornillo de cabeza de hongo.

Consejos para atornillar

Lubrique los tornillos con cera de abeja; esto ayuda a que se atornille con facilidad. No ponga jabón, aceite o grasa a los tornillos; lo que se logra es que manchen la madera y que se corroan.

Los barrenos piloto o de centrar evitan que la madera se astille cuando se introducen los tornillos. Utilice una broca que tenga el diámetro ligeramente menor que la parte roscada del tornillo.

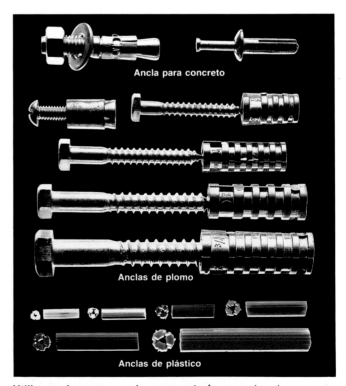

Ancla para concreto

Anclas de plomo

Anclas de plástico

Para instalar un ancla de pared, primero·se taladra un barreno piloto del mismo diámetro del ancla o taco de plástico. Después se inserta el ancla y se deja al ras de la pared. El tornillo una vez introducido expande el ancla y queda firmemente detenido.

Utilice anclas para pared y mampostería para colocarlas en yeso, concreto o ladrillos. Escoja el ancla que tenga una longitud igual al grueso de la superficie de la pared.

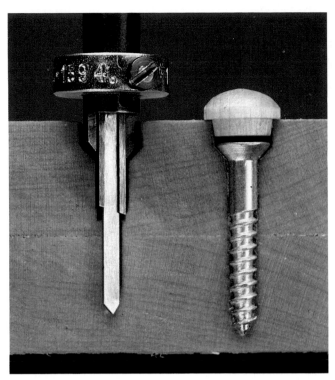

Perfore un contrataladro piloto con una broca para abocardar ajustable. Afloje el tornillo de ajuste y fije la longitud de la broca de acuerdo con el tamaño y forma del tornillo. Apriete el tornillo de ajuste y perfore hasta que el collarín tope con la superficie de la pieza de trabajo. Una vez introducido el tornillo, se cubre el barreno con un taco de madera o masilla.

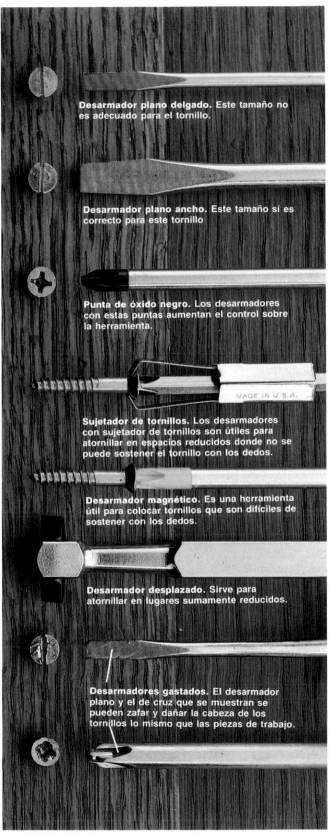

Desarmador plano delgado. Este tamaño no es adecuado para el tornillo.

Desarmador plano ancho. Este tamaño sí es correcto para este tornillo

Punta de óxido negro. Los desarmadores con estas puntas aumentan el control sobre la herramienta.

Sujetador de tornillos. Los desarmadores con sujetador de tornillos son útiles para atornillar en espacios reducidos donde no se puede sostener el tornillo con los dedos.

Desarmador magnético. Es una herramienta útil para colocar tornillos que son difíciles de sostener con los dedos.

Desarmador desplazado. Sirve para atornillar en lugares sumamente reducidos.

Desarmadores gastados. El desarmador plano y el de cruz que se muestran se pueden zafar y dañar la cabeza de los tornillos lo mismo que las piezas de trabajo.

Los tornillos para tablas de fibra prensada tienen cabezas en forma de cuña, lo que los hace autoabocardables. Estos tornillos están diseñados para que no astillen la madera. Utilice tornillos de color negro para trabajos interiores y tornillos galvanizados para trabajos a la intemperie.

Escoja el desarmador apropiado para cada trabajo. El desarmador debe ajustar perfectamente en la ranura de la cabeza del tornillo. Los tipos más comunes y utilizados son: desarmador de cabeza plana, de cabeza de cruz, de cruz con punta de óxido negro, con sujetador de tornillos, magnético y desarmadores desplazados.

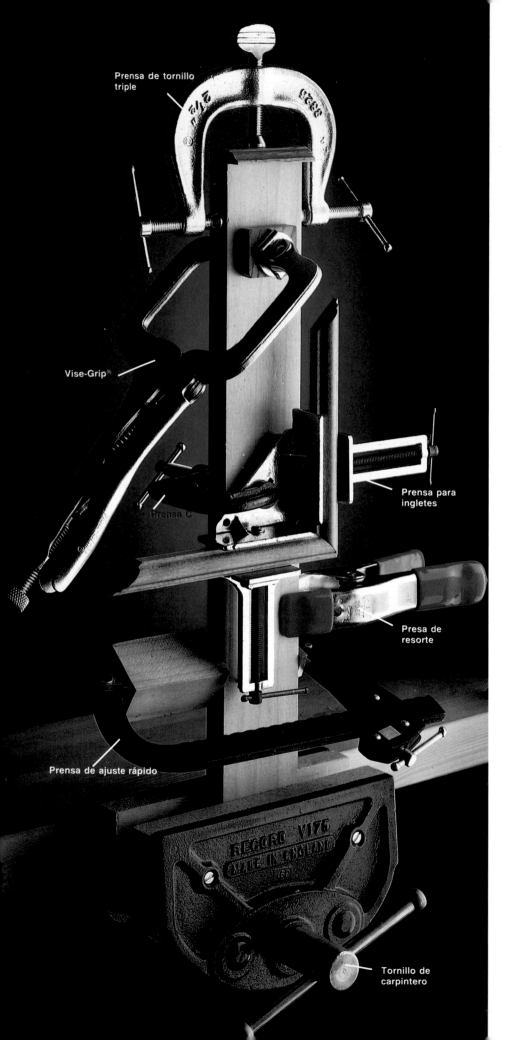

Prensa de tornillo triple

Vise-Grip®

Prensa C

Prensa para ingletes

Presa de resorte

Prensa de ajuste rápido

Tornillo de carpintero

Prensas de mano, tornillos de banco y adhesivos

Los tornillos de banco y las prensas de mano son indispensables para sujetar las piezas en su lugar mientras se trabaja en ellas. El banco de trabajo debe tener un tornillo de carpintero para hacer trabajos pesados. Las prensas de mano se utilizan para trabajos sencillos; las hay del tipo "C", el modelo Vise-Grip® , tornillos de mano y prensas de presión de apriete instántaneo. Como las mordazas de las prensas son de metal, pueden maltratar la superficie de la pieza de trabajo; para evitarlo, se utiliza una pieza de madera de desecho entre la madera que se está trabajando y las mordazas de apriete.

Cuando el trabajo a realizar requiera de una herramienta de sujeción con gran capacidad de apertura, se utilizan las prensas de tubo o las prensas de tirante. Las mordazas de las prensas de tubo están conectadas por medio de dos tubos comunes y corrientes. La distancia a que se pueden poner las mordazas sólo la limita la longitud de los tubos que se usen.

Los adhesivos sirven para pegar materiales que no son fáciles de clavar o atornillar, como es el caso del concreto y del acero. También se utiliza el adhesivo para reducir el número de sujetadores que se necesitan para fijar una tabla de fibra prensada o paneles de madera. Muchos adhesivos resisten la humedad y los cambios de temperatura, lo que los hace muy adecuados para trabajos que quedan a la intemperie.

Los adhesivos más comunes son (de arriba abajo y en sentido de las manecillas del reloj): pegamento claro para calafatear y sellar grietas en lugares con humedad, adhesivo impermeable, pegamento para uso general, pistola eléctrica para pegamento térmico con varillas de adhesivo, pegamento amarillo para madera, pegamento blanco para madera y pegamento blanco para usos varios.

Adhesivo para vigas y tarimas. Con este adhesivo se tiene una junta de viga y tarima fuerte y libre de rechinidos. Si el trabajo debe quedar a la intemperie, el adhesivo necesita ser a prueba de humedad.

Tornillo de carpintero. Este accesorio se monta en el banco de trabajo y sirve para sujetar materiales cuando hay que cortar, formar o lijar. Las mordazas deben tener puesto un pedazo de madera para proteger la pieza en la que se trabaja.

Pistola eléctrica para pegamento térmico. Con esta herramienta se derriten las varillas de adhesivo, ya sea que se necesite que las piezas queden pegadas provisional o permanentemente, lo mismo si son de madera que de cualquier otro tipo de material.

Consejos para pegar y prensar

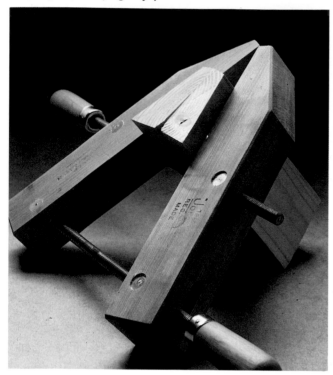

Sargento de madera. Es una prensa con dos tornillos de ajuste. Se utiliza para sujetar piezas mientras se pegan. Las mordazas de madera son amplias para no dañar las superficies de las piezas sujetadas. También es una herramienta que se ajusta al ángulo de las piezas de trabajo.

Prensa C. Las hay desde 1″ (25.4 mm) hasta 6″ (152.4 mm) de capacidad. Para proteger la pieza de trabajo se coloca madera de desperdicio entre las mordazas y la superficie de la pieza.

Prensa para ingletes. Con esta mordaza se sujetan los marcos de madera cortados a inglete para pegarlos. Se sujetan y se pegan las esquinas opuestas; se dejan secar antes de pegar las otras esquinas.

Prensa triple. Esta herramienta cuenta con tres tornillos; es útil para sujetar molduras en el canto de entrepaños y algunas otras superficies planas. Siempre se deben colocar pedazos de madera de desperdicio para proteger la superficie de la pieza en que se trabaja.

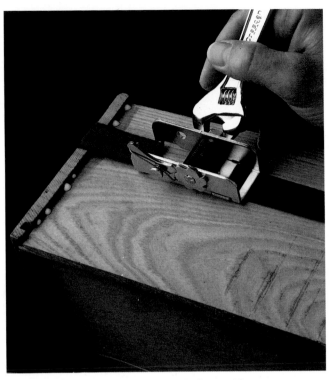

Prensa de tirante. Esta herramienta es indispensable para pegar muebles y otros tipos de trabajos. Para trabajos que son interiores se utiliza cemento para madera blanco; para trabajos que quedan a la intemperie, se debe utilizar pegamento amarillo. Las piezas se mantienen juntas hasta que se secan.

Prensa de tubo. Con esta mordaza, llamada también de barras, se pueden sujetar piezas de grandes dimensiones. Se compran por pares para montarse en tubos de 1/2″ (12.7 mm) ó 3/4″ (19.05 mm) de diámetro. Para sujetar piezas de forma irregular, se necesitan unas plantillas hechas de madera de desperdicio.

Workmate®. Es un banco de trabajo portátil que tiene una mesa ajustable con la que se aprieta o sujeta la pieza de trabajo. Sus accesorios, como los topes de banco, aumentan su versatilidad de sujeción.

Vise-Grip®. Esta prensa tiene una buena fuerza de sujeción y se ajusta con facilidad. Su diseño hace que cierre al apretar con la mano. Es más rápida para colocarse que los modelos C tradicionales.

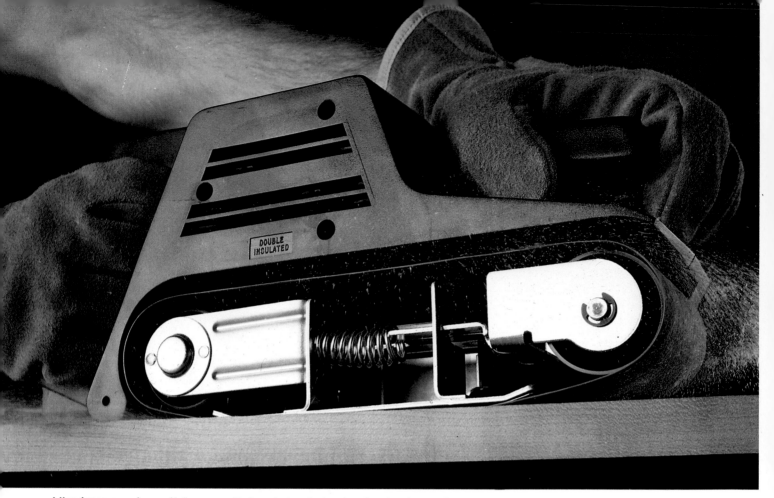

Lijar áreas grandes es fácil con una lijadora de banda. Las bandas abrasivas se fabrican con grados diferentes de grano, que van desde el número 36 (grano extra-grueso) hasta el número 100 (grano fino).

Lijado

Con las lijadoras eléctricas y el papel de lija se le da forma y acabado a la madera y a otros materiales de construcción. Para lijar una superficie extensa, como un piso de madera, se utiliza una lijadora de banda de alta velocidad. Las lijadoras de banda portátiles son muy útiles para hacer trabajos que requieran de un trabajo de desbaste rápido. Las lijadoras de acabado, llamadas también lijadoras orbitales, son insuperables para eliminar material en cantidades regulares y de acabado. Para trabajos pequeños e intrincados, o para superficies con muchos contornos, el trabajo de lijado se hace a mano, con la lija doblada o colocada en un bloque.

Las lijadoras se pueden conseguir en diferentes tamaños y rangos de velocidades. Las lijadoras pequeñas de "un cuarto de hoja" son compactas y fáciles de manejar: El tamaño de "media hoja" corresponde a una lijadora más grande y que es la indicada para trabajos de lijado en áreas más amplias. Las lijadoras de alta velocidad son lo mejor para lijar una cantidad considerable de material, mientras que las lijadoras de baja velocidad son las más adecuadas para dar el acabado fino. Los modelos de velocidad variable ofrecen una gran flexibilidad para utilizarlos en aplicaciones diversas.

El papel abrasivo viene en una gran variedad de granos. Entre más bajo sea el número de la lija, más grueso es el grano. El trabajo de lijado normalmente se hace por pasos; primero se utiliza una lija gruesa y se continúa el trabajo hasta darle el acabado con una lija de grano fino.

Bloque para lijar a mano. Este bloque es útil para lijar superficies planas pequeñas. Para lijar superficies curvas, el papel de lija se enrolla en un pedazo de alfombra usada. La lija se ajusta a la forma de la pieza de trabajo.

Lija gruesa núm. 60. Esta lija se utiliza para lijar pisos de madera dura y para arreglar superficies muy maltratadas. La lijadora se mueve a contra veta para eliminar el material más rápido.

Lija mediana núm. 100. Se usa esta lija para tener mejores resultados en el pulido inicial de la madera. La lijadora debe moverse en sentido de la veta de la madera para que la superficie quede lo más lisa posible.

Lija fina núm. 150. Con esta lija se da el acabado final a la superficie de la madera. Se utiliza lija fina para preparar la superficie de la madera para barnizarla; también se utiliza para dejar lisos los cantos de unión de las tablas de fibra prensada.

Lija extra-fina núm. 220. La lija extra-fina se usa para pulir la superficie preparada de la madera antes de barnizarla, o entre capa y capa de barniz.

Lijadora para acabados. Una lijadora para acabados de buena calidad tiene motor de alta velocidad y movimiento orbital; con esta lijadora se puede lijar al ras en áreas muy reducidas en cuanto a espacio de trabajo. Para un lijado de desbaste se mueve la lijadora a contra veta. El lijado de acabado se hace moviendo la lijadora en el sentido de la veta.

Accesorios para lijar. Estos accesorios se montan en un taladro eléctrico. Se muestran, de arriba hacia abajo y en sentido de las manecillas del reloj, los accesorios siguientes: disco abrasivo para trabajos rápidos, carretes y disco de tiras para lijar contornos y un carrete montado en un adaptador.

Cepillos y cinceles

La madera se labra y se alisa con un cepillo de mano. Este cepillo tiene una hoja de metal plana que está montada en una base de acero; se usa para cepillar madera sin labrar o para reducir el grueso de la pieza en la que se está trabajando.

El cincel es una hoja de metal plana ajustada en un mango. Corta la madera con sólo presionar ligeramente con la mano, o con golpes de mazo. Los formones para madera se usan para hacer las muescas de las cerraduras embutidas.

Se tienen mejores resultados si en lugar de hacer un solo corte, se hacen varios cortes de poca profundidad. Si se fuerza la herramienta para hacer cortes profundos se corre el riesgo de arruinar la herramienta y echar a perder la pieza de madera en que se trabaja.

Antes de empezar

Un buen consejo: por su seguridad y para hacer el trabajo más fácil, mantenga bien afilada su herramienta. Pula y asiente el filo con una piedra de esmeril de aceite o agua. Compre una piedra que tenga una cara con grano grueso y una cara con grano fino. La piedra debe estar embebida en aceite delgado o en agua para evitar dañar el metal templado.

Cómo cepillar un canto sin labrar

Talón

Nariz

Sujete la madera en el tornillo de banco. Maneje el cepillo de manera que la veta de la madera ''vea'' hacia arriba en relación al cepillo. Sujete con firmeza la perilla y la empuñadura. El cepillo debe moverse con suavidad a todo lo largo del movimiento de los brazos. Para que la madera quede derecha y no se cepille de más en los extremos, se presiona la nariz del cepillo al inicio de la carrera y se recarga la fuerza en el talón al final de la misma.

Cómo formar una entalladura

1 Marque el contorno de la entalladura con un lápiz. Utilice los propios herrajes como plantilla, ya sea la placa de la cerradura o la bisagra que se va a colocar.

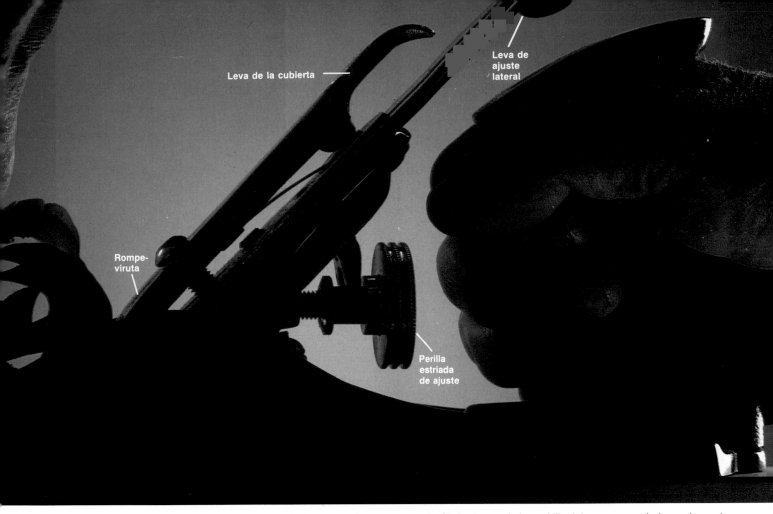

Leva de la cubierta

Leva de ajuste lateral

Rompe-viruta

Perilla estriada de ajuste

Ajuste de la hoja del cepillo. El ajuste de la hoja de corte se hace con la perilla estriada. Cuando está bien ajustada, la hoja puede cepillar la madera tan delgada que las virutas son del grueso de un papel. Si la hoja está mal ajustada el cepillo se atasca o se marca la madera. La palanca de ajuste lateral sirve para alinear la hoja y que el corte sea parejo. Si el extremo de la cuchilla deja marcas estriadas en la madera, se debe verificar su ajuste lateral. Para esto se afloja la leva de la cubierta de la placa soporte para dejar el rompe-viruta a $1/16''$ (1.588 mm) de la punta de la hoja.

2 Corte de la entalladura. Sujete el formón con la cara biselada hacia adentro; con un mazo, dé golpes suaves en la cabeza del mango del formón, hasta que penetre a la profundidad requerida.

3 Haga una serie de cortes paralelos a lo largo de la entalladura, con una separación de $1/4''$ (6.35 mm). El formón se mantiene a 45° mientras se golpea el mango con el mazo.

4 Desprenda los pedazos de madera con el formón puesto con su cara biselada hacia la superficie que se trabaja. El formón se empuja con la mano; sólo se necesita hacer una presión leve.

Router

Con esta herramienta, llamada también guimbarda, se pueden hacer un sinfín de formas, acanaladuras y cortar las maderas laminadas. El router es una herramienta de alta velocidad que utiliza varios tipos de brocas planas, o brocas de manita, con la que se pueden hacer muchos trabajos de corte y perfilado. Como el acanalador trabaja a velocidades que alcanzan las 25,000 rpm, puede hacer cortes finos aun en las maderas más duras.

Para que los resultados sean satisfactorios, se debe hacer una serie de pasadas, cada vez a una mayor profundidad de broca hasta que se llegue a la dimensión marcada. Unas pasadas de prueba permiten encontrar la velocidad de desplazamiento más adecuada para el acanalador. Si se empuja demasiado rápido, se disminuye la velocidad del motor, lo que causa que la madera se astille o se despostille. Si se maneja muy despacio, la madera se quema.

La mejor compra es un router con motor de 1 HP, o más potente. Los detalles que aumentan la seguridad de operación incluyen un interruptor de encendido que esté fácil de alcanzar, una cubierta de plástico transparente para proteger al operario de las astillas que se proyecten; también es conveniente que tenga luz integrada.

Un buen consejo: las brocas planas del router giran en sentido de las manecillas del reloj. Esto provoca que la herramienta tienda a irse hacia la izquierda. Para tener un mejor control, avance la herramienta de izquierda a derecha, para que el filo de la broca ataque bien la madera.

Punta piloto

Cantos decorados. Con una broca que tiene punta centradora o piloto se forman los cantos con figura. La punta piloto sirve para que corra a lo largo del canto de la tabla; así se controla el corte.

Brocas de punta y hoja

Esquinas redondeadas. La broca de punta y hoja para esquinas hace fácil el trabajo de terminado de esquinas para muebles y molduras.

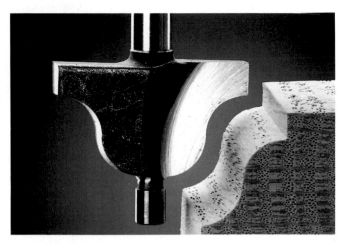

Broca de talón. Con esta broca se hace el tradicional corte de talón o gola que le da forma a la madera; se utilizan para hacer molduras o para formar los cantos de las partes de un mueble.

Broca de rebajo. Para hacer muescas, ranuras o rebajos se utiliza esta broca. Los cantos con rebajos se utilizan para hacer las juntas y para presentar los marcos de las molduras.

Punta piloto de rodamiento de bolas

Broca para acabado en laminados. El acabado en los cantos del material laminado plástico se hace con esta broca. Su punta piloto es un rodamiento de bolas que evita que se queme la cara del laminado.

Broca recta. Los cortes rectos a escuadra para formar ranuras se hacen con esta broca. Se utiliza para hacer juntas o para acanalar a mano alzada.

Broca de cola de milano. Las ranuras tipo cola de milano, llamadas también cola de pato, se utilizan para hacer juntas que se interconectan; este tipo de junta se hace en la construcción de muebles y en trabajos de ebanistería.

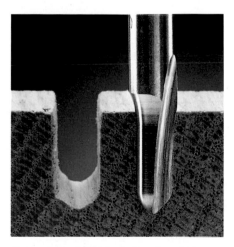

Broca de rendija. La forma de esta broca, con su punta redondeada, es especial para hacer trabajos decorativos a mano alzada o para rotular.

Accesorios

Con unos pocos accesorios se puede hacer el trabajo más rápido y más fácil. Un esmeril de banco es muy útil para afilar las herramientas, o para limpiarlas solamente. Con un cinturón para colgar herramientas y materiales se tiene todo lo necesario a la mano. Es indispensable tener una extensión con varios contactos para que se pueda aumentar el radio de acción de las herramientas eléctricas.

La sierra caladora o el router se manejan mejor si se montan en una mesa portaherramienta portátil. En esta mesa se pueden montar con toda seguridad estas dos herramientas boca abajo, además de que cuenta con una regla guía ajustable para cortes rectos y una regla para ingletes, con lo que se aumenta la precisión de las herramientas en el corte.

Esmeril de banco. En este accesorio se pueden montar ruedas abrasivas de diferente tipo. Hay ruedas para rectificar, pulir o para afilar herramientas. Los escudos protectores deben estar en su lugar, además de ponerse lentes de seguridad cuando se trabaje en el esmeril.

Detector de madera electrónico. Con este aparato se localizan con facilidad piezas de madera —alfardas o pies derechos— que se encuentren embutidas en la pared. Señala con precisión el lugar donde se encuentran los extremos de los largueros de un marco. Cuando se pasa el aparato por la pared, se enciende una luz roja en cuanto hay un cambio de densidad por la madera que se enterró en la pared.

Extensión de contactos múltiples. Este tipo de extensión es muy útil cuando se necesita conectar varias herramientas eléctricas al mismo tiempo. Para protegerse contra una descarga eléctrica, las extensiones que se usen deben tener un interruptor de circuito a tierra.

Cinturón para herramientas. Para tener a mano los clavos, tornillos y algunas herramientas pequeñas, es indispensable un cinturón para herramientas que tenga bolsas y hebilla de seguridad. Los cinturones anchos son más cómodos cuando se tienen que llevar por tiempos prolongados.

Mesa portaherramientas portátil. Para que la sierra caladora o el acanalador queden bien estables se pueden montar en una mesa portaherramientas. La guía ajustable aumenta el control de corte fino. La mesa portaherramientas debe estar sujeta firmemente en el banco o mesa de trabajo.

Taladro percusor. Esta herramienta es una combinación de taladro y martillo; con su movimiento reciprocante y rotatorio se taladra rápidamente el concreto y la mampostería. Para disminuir el polvo y para que la punta no se sobrecaliente se enfría con agua el lugar de la perforación. Si se utiliza para perforar, se coloca el selector del motor en la posición de movimiento rotatorio.

Herramientas para trabajos especiales

Ya sea que se trate de un trabajo eventual o para un trabajo de envergadura, se pueden rentar o pedir prestadas ciertas herramientas que hacen más fácil el trabajo. Por ejemplo, para instalar una pared de madera y ampliar una habitación, o para construir un cobertizo, se puede rentar un embutidor neumático que clava las armazones de madera con sólo apretar el gatillo. La renta cuesta poco dinero y puede ahorrar muchas horas de esfuerzo.

Si es común que se hagan diferentes trabajos de carpintería en la casa, es conveniente pensar en adquirir algunas herramientas eléctricas. Para quien emprende trabajos de remodelación, es indispensable contar con una segueta reciprocante. Si se trata de trabajos finos o de acabado, una caja para inglete eléctrica hace el trabajo de corte rápido y preciso. Para trabajos de carpintería en general y otros usos, es aconsejable invertir en una sierra de banco.

Pistola para clavar. Esta herramienta dispara una carga pequeña de pólvora para introducir los clavos para mampostería en el concreto o en las paredes de ladrillo. Se recomienda el uso de esta pistola cuando se necesita colocar una solera de madera en piso de concreto.

Sierra de banco. Al igual que otras herramientas eléctricas estacionarias, esta herramienta aumenta en grado sumo la capacidad y precisión de corte; es muy necesaria cuando se hacen trabajos de carpintería con frecuencia.

Caja de ingletes motorizada. Corta con rapidez y precisión las molduras. El ensamble del motor gira y se asegura hasta 47° en ambas direcciones.

Embutidor neumático. Esta herramienta se conecta a un compresor de aire. Al apretar el gatillo se da paso a una descarga de aire comprimido que introduce clavos o grapas en la madera.

Segueta reciprocante. Para trabajos en los cuales no es conveniente utilizar una sierra circular, la segueta reciprocante hace cortes en paredes y pisos con facilidad; también se utiliza para cortar metales, como tubos de hierro fundido.

Madera

Verificación visual de la madera. Antes de utilizar una pieza de madera se debe revisar visualmente. La madera almacenada se puede torcer debido a los cambios de temperatura y humedad.

La madera para construcción se corta de madera blanda o tierna y se clasifica por su grado, contenido de humedad y dimensiones.

Grado: De acuerdo con características tales como los nudos que tenga, las rajaduras y el flanco de la veta, se determina el grado de la madera, ya que las condiciones mencionadas afectan su dureza.

Tabla de grados de la madera

Grado	Descripción y usos
SEL o seleccionada para estructuras	Buena apariencia, resistencia y rigidez. Los grados 1, 2 y 3 indican el tamaño de los nudos
CONST o Construcción STAND o estándar	Ambos grados para uso general en armazones; buena resistencia y adecuada para el servicio
STUD o polines	Designación especial para cualquier aplicación de soporte; inclusive, muros de carga
UTIL o uso general	Utilizada para economizar en aplicaciones de entramados y tirantes

Contenido de humedad: La madera también se clasifica por su contenido de humedad. Si tiene 19% o menos de humedad, la madera se clasifica como S-DRY (superficie seca). La madera clasificada así tiene menos probabilidades de combarse o encogerse; es la que se utiliza para marcos de pared. Cuando el contenido de humedad es de 19% o más, la clasificación que recibe es S-GRN, con lo que se identifica como madera tierna.

Madera para exteriores: La madera aserrada de pino rojo o cedro tiene resistencia natural a la descomposición y a los insectos que la atacan; es una buena elección para trabajos que quedan a la intemperie. La parte más durable del tronco es el corazón; es por esto que se debe especificar madera de corazón cuando se trate de vigas y tablas que queden en contacto con el suelo.

La madera inyectada con productos químicos a presión es resistente a la descomposición. Esta madera tratada es más barata que el pino rojo o el cedro. Para estructuras exteriores, como plataformas, se debe usar madera tra-

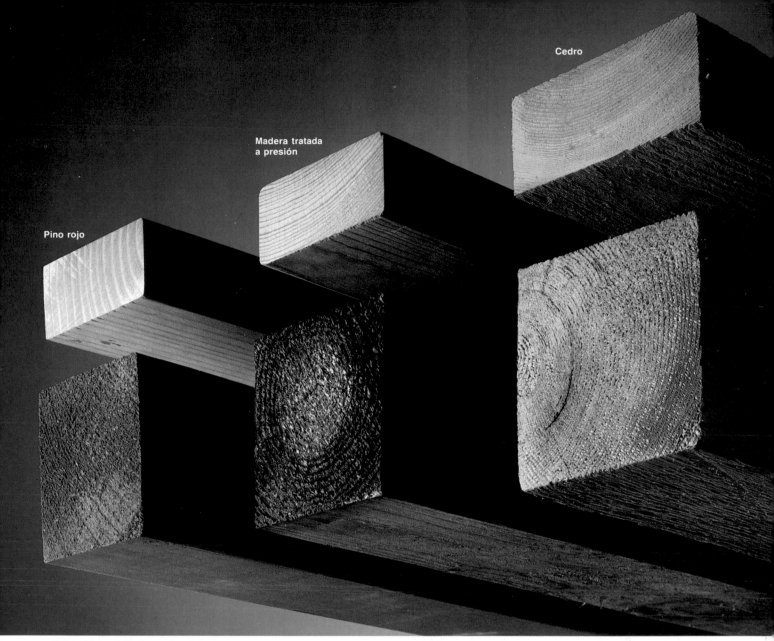

Pino rojo

Madera tratada a presión

Cedro

Estructuras duraderas. Las estructuras a la intemperie, pero que se construyen de pino rojo, de madera tratada a presión o cedro, duran muchos años. El pino rojo y el cedro tienen mejor vista, pero la madera tratada es más barata. Cualquiera de estos tres tipos de madera se consigue en todas las medidas comunes. Como la madera tratada a presión contiene productos químicos tóxicos, es necesario ponerse guantes y una mascarilla que impida el paso de las partículas cuando se trabaja.

tada en los postes y en las vigas, y dejar la madera con apariencia más atractiva, como es el pino rojo y el cedro, para las tarimas y los barandales.

Dimensiones: La madera se vende en medidas nominales que son comunes en la industria, como 2 × 4 ó 2 × 6. La medida real es un poco menor que la medida nominal.

Dimensiones nominales y efectivas de la madera

Nominal	Efectiva
1 × 4	$3/4'' \times 3^1/2''$
1 × 6	$3/4'' \times 5^1/2''$
1 × 8	$3/4'' \times 7^1/2''$
2 × 4	$1^1/2'' \times 3^1/2''$
2 × 6	$1^1/2'' \times 5^1/2''$
2 × 8	$1^1/2'' \times 7^1/2''$

Cómo leer las marcas de la madera

Contenido de humedad

Número de aserradero

S-DRY

12

WWP ®

2

D. FIR

Grado

Especie

Sello de inspección

Sello de grado. Toda la madera tiene un sello de grado que especifica, además, contenido de humedad y especie. Es recomendable verificar estos datos para asegurarse de utilizar la madera correcta.

Madera terciada de acabado

Madera terciada para revestimiento

Tablas de tiras, partículas y chapas

Tablas de tiras con laminado plástico

Tabla de capas

Madera terciada y madera enchapada

La madera terciada es un material de construcción muy versátil; está hecha de capas delgadas, o pliegos de madera que se laminan para formar paneles. Esta madera se fabrica en gruesos que van de 3/16″ (4.76 mm) a 3/4″ (19.05 mm).

El grado de la madera terciada se identifica con las letras A, B, C y D, según sea la calidad de la madera utilizada en la capa exterior. También se clasifica para uso en interiores o en exteriores. La clasificación que se hace con números identifica la especie de madera utilizada en su cara y en su respaldo, que dan el dibujo de la veta. El grupo 1 corresponde a las especies más fuertes y rígidas; el grupo 2, a las siguientes, y así sucesivamente.

Madera terciada de acabado. Este tipo de madera puede tener una capa con veta fina y la capa posterior de madera corriente, en cuyo caso se clasifica con las letras A-C. Si *ambas* caras son de veta fina, entonces se identifica como madera terciada de acabado A-A.

Madera terciada para revestimiento. Esta clase de madera es útil para trabajos de estructura. Es común que tenga muchos nudos, lo que la hace inadecuada para trabajos de acabado. Se clasifica de acuerdo con su grueso; su grado es C-D si tiene ambas caras ásperas. Este tipo de madera tiene el adhesivo a prueba de humedad. Si tiene la clasificación EXPOSURE 1 se puede utilizar en trabajos expuestos a cierta humedad. Si su clasificación es EXTERIOR es el tipo adecuado para trabajos que que-

Cómo leer las marcas de la madera terciada para acabado

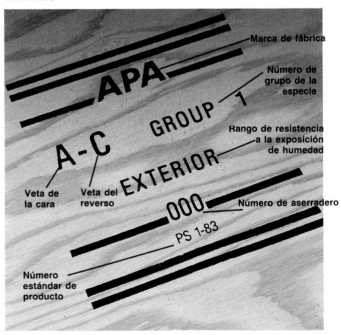

Marca de fábrica

Número de grupo de la especie

Rango de resistencia a la exposición de humedad

Número de aserradero

Veta de la cara

Veta del reverso

Número estándar de producto

APA
GROUP 1
A-C
EXTERIOR
000
PS 1-83

Sello de grado de madera terciada de acabado. Este sello muestra el grado de las vetas de ambas caras de la madera. Especifica el número de grupo y su rango de resistencia a la exposición de humedad. El número de aserradero y número de producto sólo son importantes para el fabricante.

dan a la intemperie. También se identifica por el rango de su grueso y por el espacio que cubre en el piso o en el techo; este índice aparece como dos números separados por una diagonal. El primer número indica el espacio máximo entre polines cuando se trata de techos. El segundo número marca el espaciado en sentido transversal de los largueros cuando se instala un techo falso.

Tablas de tiras, partículas y chapas. Este material se fabrica de madera de desperdicio, astillas, virutas o de maderas baratas.

Laminados de plástico. El material laminado, como la Formica®, es durable y su superficie es ideal para mostradores y muebles. Las tablas de partículas de madera son fuertes y dimensionalmente estables. Sirven como base para los laminados plásticos.

Paneles aislantes de espuma plástica. Es un material ligero con buenas propiedades aislantes; es excelente para aislar los muros de cimentación.

Paneles resistentes al agua. Se utilizan estos paneles en áreas de gran humedad, como en paredes recubiertas de azulejo.

Paneles de yeso. Estos paneles se conocen también como pared seca, tabla-roca, Sheetrock® o pared de yeso; se fabrican en varias dimensiones: 4 pies (1219 mm) de ancho, largos de 8, 10 y 12 pies (2438 mm, 3048 mm y 3658 mm) y gruesos de $3/8''$, $1/2''$ y $5/8''$ (9.525 mm, 12.7 mm y 15.87 mm).

Tableros perforados y sólidos. Este material, conocido como Masonite®, es fabricado con fibra de madera y resinas que se aglomeran a alta presión.

Cómo leer las marcas de la madera terciada para revestimiento

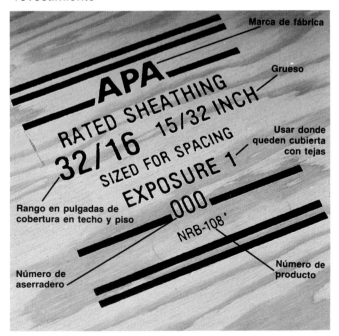

Marca de fábrica

Grueso

APA

RATED SHEATHING

32/16 15/32 INCH

SIZED FOR SPACING

EXPOSURE 1

Usar donde queden cubierta con tejas

000

NRB-108

Rango en pulgadas de cobertura en techo y piso

Número de aserradero

Número de producto

Sello de grado de madera terciada para revestimiento. La información contenida en este sello indica el grueso de la hoja, el índice de capacidad de espaciamiento en techos o pisos, así como su rango de resistencia a la exposición; además, tiene los datos del fabricante.

Panel aislante de espuma plástica

Panel resistente al agua

Panel de yeso

Panel perforado

Panel sólido

El lugar de trabajo

Un buen lugar de trabajo es el que está iluminado con lámparas de luz fluorescente de 4 pies (1220 mm) de largo. El taller debe tener suficientes contactos eléctricos, así como un estante resistente para guardar materiales y herramientas.

Es recomendable instalar el taller alejado de habitaciones y lugares de descanso para que el ruido y los desperdicios no disturben a los demás. También es aconsejable que se trabaje lejos de calefacción de ventilación forzada; se evita así que el polvo o el humo sean absorbidos por el horno y circulen por toda la casa.

Todas las herramientas de mano quedan bien guardadas en un tablero perforado que se puede colocar arriba del banco de trabajo.

Antes de empezar
Herramientas y materiales que se necesitan para fabricar un tablero para acomodar las herramientas de mano: Pistola para pegamento térmico, arandelas de metal, atornillador eléctrico y tornillos para paneles de fibra prensada (si se va a colocar en pared de madera) o taladro eléctrico con brocas para mampostería (para colocarlo en pared de concreto) y un tablero perforado.

Cómo construir un tablero para herramientas

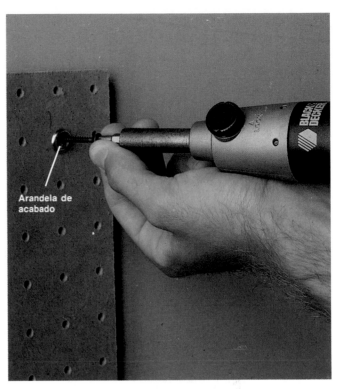

1 Con la pistola para pegamento térmico coloque unas arandelas de metal en la cara trasera de una hoja de madera de fibra prensada que tenga perforaciones. Las arandelas se colocan espaciadas a 16" ó 24" (406.4 mm ó 609.6 mm) de acuerdo con la posición de los tarugos o anclas de madera. Las arandelas separan la hoja de madera de la pared para que se puedan colocar los ganchos.

2 Coloque la hoja de manera que las perforaciones que tienen las arandelas en la parte de atrás queden sobre los tarugos. Fije la hoja con tornillos para madera de fibra prensada. Si lo desea puede ponerle a los tornillos arandelas de acabado. Si se coloca la hoja sobre una pared de concreto, se deben colocar anclas para mampostería (página 34).

Consejos para colgar las herramientas

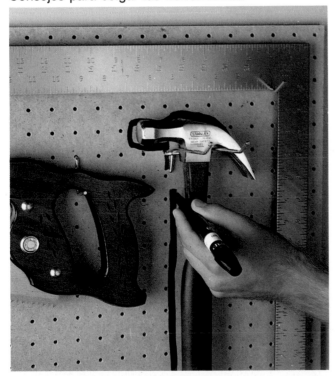

Dibujo del contorno de las herramientas. Con una pluma de punta de fieltro dibujar el contorno de cada una de las herramientas sobre la hoja de fibra perforada; después de usarlas colocarlas ahí.

Ganchos. Los ganchos también se pegan con la pistola de adhesivo térmico. Así se evita que se caigan cada vez que se saca una herramienta.

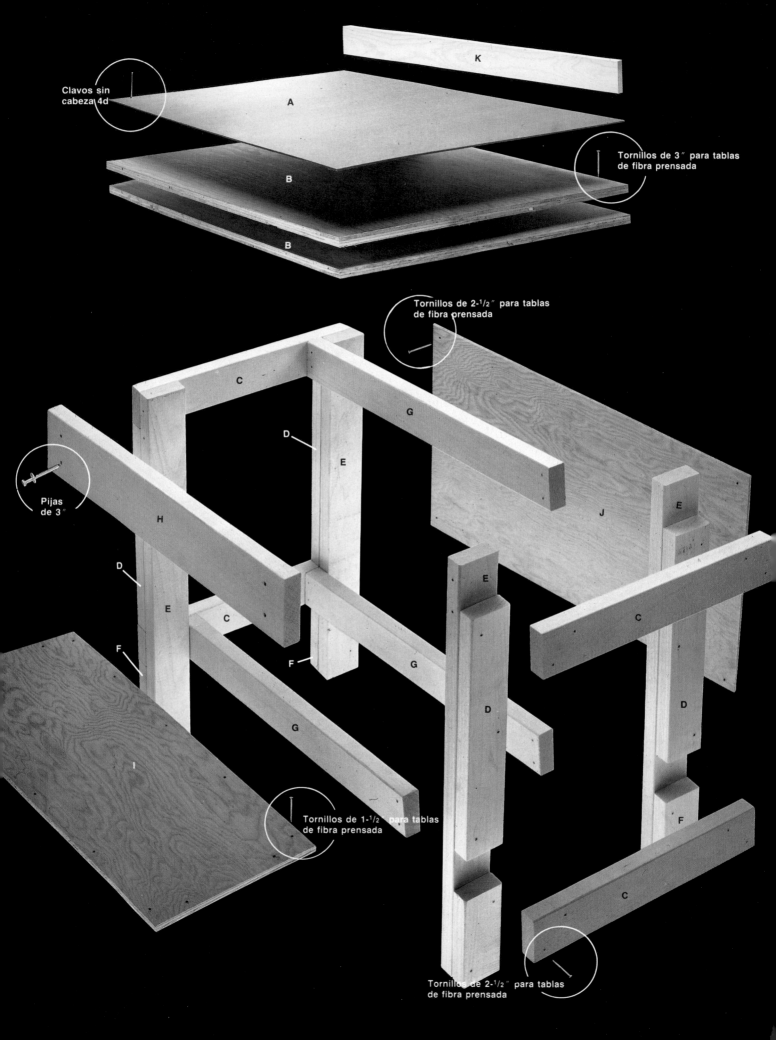

Clavos sin cabeza 4d

A

K

Tornillos de 3″ para tablas de fibra prensada

B

B

Tornillos de 2-1/2″ para tablas de fibra prensada

C

G

D

E

E

J

Pijas de 3″

H

D

E

E

C

D

F

F

G

D

D

G

F

I

Tornillos de 1-1/2″ para tablas de fibra prensada

C

C

F

Tornillos de 2-1/2″ para tablas de fibra prensada

Construcción del banco de trabajo

Un buen banco de trabajo tiene las patas fuertes para que resista cargas pesadas; su mesa se fabrica con tablones, para que soporte golpes. La cubierta de la mesa debe ser de madera dura que se pueda cambiar cuando esté muy maltratada. Es aconsejable ponerle un entrepaño para guardar las herramientas eléctricas. También, si se prefiere, se le puede montar un tornillo de carpintero en el frente o sobre la cubierta.

Antes de empezar

Herramientas y materiales: sierra circular, escuadra de carpintero; tornillos para panel de fibra prensada de 1-1/2" (38.1 mm), 2-1/2" (63.5 mm) y 3" (76.2 mm); atornillador eléctrico o de baterías; brocas y puntas para taladro; pijas de 1-1/2" (38.1 mm) y 3" (76.2 mm). Llave de matraca o ajustable; clavos 4d sin cabeza y un punzón.

Un buen consejo: se puede equipar el banco de trabajo con accesorios de mucha utilidad, como un panel perforado para guardar las seguetas y algunas herramientas pequeñas; este tablero se atornilla a los lados del banco; también se puede equipar el banco de trabajo con prensas de tornillo para trabajar la madera.

Madera requerida: Seis polines de 2 × 4 de 8 pies (2438 mm) de largo; un polín de 2 × 6 de 5 pies (1524 mm) de longitud; una hoja de madera terciada de 4 × 8 y grueso de 3/4" (19.05 mm); una tabla de 4 × 8 y 1/8" (3.175 mm) de grueso. Con una escuadra se marcan las piezas y se cortan con la sierra circular a las dimensiones que se indican.

Clave	Pzas.	Tamaño y descripción
A	1	Cubierta de madera laminada de 1/8", 24" × 60"
B	2	Cubierta de madera terciada de 3/4", 24" × 60"
C	4	Travesaños 2 × 4, laterales, de 21"
D	4	Patas 2 × 4, de 19-3/4"
E	4	Patas 2 × 4, de 34-1/2"
F	4	Patas 2 × 4, de 7-3/4"
G	3	Tirantes 2 × 4, de 54"
H	1	Tirante frontal (superior) 2 × 6", de 57"
I	1	Entrepaño de madera terciada de 1/2", de 19-1/4" × 57"
J	1	Tapa trasera de madera terciada de 1/2", de 14" × 57"
K	1	Respaldo 1 × 4, de 57"

Cómo construir un banco de trabajo

1 Para cada lado, corte dos piezas de las medidas C, D, E y F. Ensamble con tornillos para madera de fibra prensada de 2-1/2″ (63.5 mm).

2 Atornille los dos tirantes de 2 × 4 (G, G,) por atrás de las dos patas de los ensambles laterales. Utilice los mismos tornillos de 2-1/2″.

3 Coloque el tirante de 2 × 4 que va en la parte inferior (G) por dentro de las patas delanteras de los ensambles laterales. Atornille el entrepaño inferior y la parte trasera del banco de trabajo (J) con tornillos de la misma medida que los utilizados para las otras piezas; estas partes quedan atornilladas al bastidor de 2 × 4.

4 Perfore unos barrenos piloto y una el tirante frontal de 2 × 6 (H) por fuera de las patas delanteras; utilice pijas de 3″ (76.2 mm).

5 Centre la tabla inferior de la cubierta (B) sobre el armazón del banco; esta tabla es de madera terciada de ¹⁄₄″ (6.35 mm). Se alinea contra la orilla trasera y se sujeta con clavos 4d.

6 Las dos partes de la cubierta, la tabla inferior y la superior (B, B) se alinean y se sujetan en su lugar con tornillos para tabla de fibra de madera de 3″ (76.2 mm).

7 Clave la cubierta de trabajo (A) en las capas (B, B) con clavos sin cabeza 4d. Los clavos se embuten con un punzón.

Cómo montar un tornillo de banco

1 Presente el tornillo en un extremo del banco. Marque los barrenos de la base del tornillo en la cubierta del banco. Perfore unos barrenos de ¹⁄₄″ (6.35 mm) para sujetar el tornillo a la cubierta del banco de trabajo.

2 Monte el tornillo con pijas de 1-¹⁄₂″ (38.1 mm). El respaldo del banco (K) se fija con tornillos para tabla de fibra de madera de 2-¹⁄₂″ (63.5 mm).

Caballetes para serruchar

Estos caballetes son indispensables para soportar el material mientras se traza y se corta. También pueden utilizarse como base para formar un andamio provisional, pero resistente; este andamio es muy útil cuando se pintan muros o cuando se instala una pared de madera. Para utilizarlos como andamio, se colocan tablones de buena calidad de 2 × 10 ó 2 × 12 sobre los dos caballetes. Si hay problema de espacio para guardarlos, es una buena elección tener dos caballetes de menores dimensiones, del tipo desarmable.

Antes de empezar

Herramientas y materiales: cuatro polines de 8 pies (2438 mm) de largo 2 × 4 tornillos para tabla de fibra prensada; sierra circular, escuadra de formar, atornillador eléctrico o de baterías.

Lista de corte de madera

Clave	Pzas.	Tamaño y descripción
A	2	Soportes verticales 2 × 4, de 15-1/2″
B	2	Travesaños superiores 2 × 4, de 48″
C	1	Soporte horizontal inferior 2 × 4, de 48″
D	2	Soportes horizontales cortos 2 × 4, de 11-1/4″
E	4	Patas 2 × 4, de 26″

Caballetes desarmables

Caballetes de metal desarmables. Estos caballetes se doblan y se cuelgan en la pared cuando no se usan.

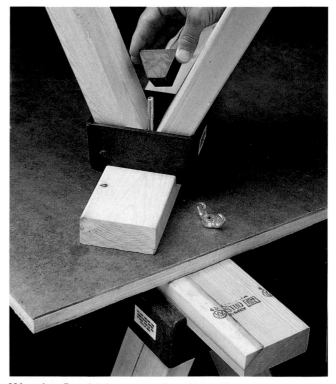

Ménsulas. Para fabricar un caballete desarmable, se compran ménsulas de fibra de vidrio o de metal y se cortan de un polín de 2 × 4 las piezas necesarias: 1 travesaño de 48″ (1219.2 mm) y cuatro patas de 26″ (660.4 mm). El caballete se desarma para guardarlo.

Cómo construir un caballete para trabajo pesado

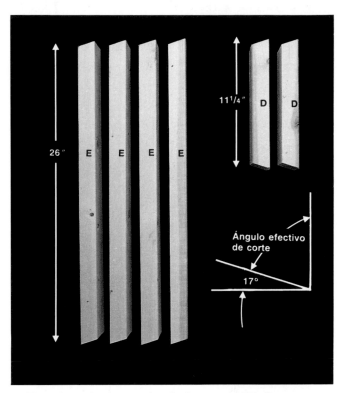

1 Los caballetes para trabajo pesado tienen su descanso más ancho para que soporten cargas más pesadas. Corte los soportes verticales (A), los travesaños (B) y el soporte horizontal inferior (C) a las dimensiones que se indican en la lista de corte de madera que aparece en la página opuesta.

2 Fije la sierra circular a un ángulo de corte de 17°. (Los cortes en ángulo se deben ajustar al dibujo que se muestra arriba.) Corte los soportes horizontales cortos (D) con ángulos opuestos; los extremos de las patas (E) se cortan con ángulos paralelos.

3 Atornille los travesaños (B) a los soportes verticales (A) como se ve en la fotografía. Utilice tornillos para paneles de fibra de madera de 2-1/2″ (63.5 mm).

4 Los soportes horizontales (D) se atornillan a los soportes verticales (A). Las patas (E) se fijan a continuación. Para terminar el caballete, atornille el soporte horizontal inferior (C) a los soportes verticales (D). Utilice el mismo tipo de tornillos que se mencionaron.

Anaqueles

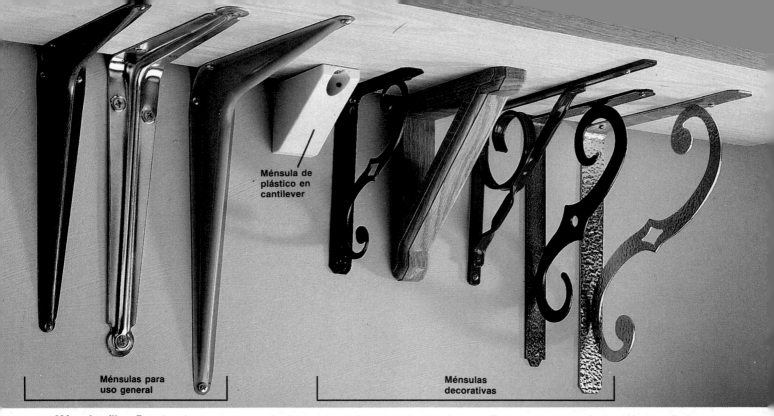

Ménsulas para uso general

Ménsulas decorativas

Ménsula de plástico en cantilever

Ménsulas fijas. Este tipo de soporte se consigue en varios estilos y tamaños; los hay sencillos para uso general y también con diseños que se integran a la decoración. Es aconsejable comprar las ménsulas que tienen un soporte en diagonal, ya que son más resistentes. En la mayoría de las aplicaciones el brazo más largo se atornilla a la pared y el más corto sirve para soportar el entrepaño.

Anaqueles listos para colocar

Los anaqueles quedan fuertes cuando sus soportes se anclan directamente en un montante o pie derecho entramado en la pared. Si las ménsulas se colocan entre montantes, se deben utilizar tuercas autoajustables del tipo Molly o de lengüeta y apegarse a las indicaciones del fabricante en relación con los límites de carga. Para colocar las ménsulas en paredes de concreto o ladrillo, utilice anclas para mampostería.

Cristal biselado

Madera dura

Tabla con canto ranurado

Chapa de madera fina sobre madera procesada

Laminado plástico de madera

Laminado plástico blanco

Entrepaños. Hay en el mercado diferentes materiales que se utilizan para hacer los anaqueles: madera de 1″ (25.4 mm) cortada a la medida; cristal biselado; tablas con sus cantos ranurados; chapa de madera fina sobre madera procesada; laminado plástico sobre panel de fibra de madera; y laminado plástico blanco.

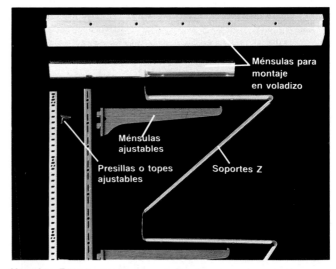

Ménsulas para montaje en voladizo

Ménsulas ajustables

Presillas o topes ajustables

Soportes Z

Herrajes. Entre los herrajes para anaqueles se pueden encontrar postes o varillas con ménsulas para montaje en cantilever o en voladizo, ménsulas de un solo brazo ajustables, soportes Z para uso general; y postes ranurados con presillas ajustables.

Cómo colocar ménsulas y postes para estantería

Montaje de herrajes en largueros. Siempre que sea posible las ménsulas se deben fijar en los largueros que se encuentren empotrados en la pared. Utilice un detector electrónico como el que aparece en la página 47 para localizarlos. Si el anaquel es para cargas pesadas, coloque una ménsula en cada larguero que se encuentre a lo largo del entrepaño.

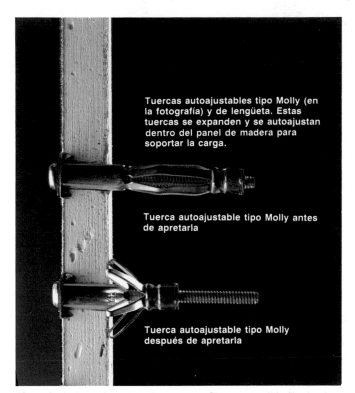

Tuercas autoajustables tipo Molly (en la fotografía) y de lengüeta. Estas tuercas se expanden y se autoajustan dentro del panel de madera para soportar la carga.

Tuerca autoajustable tipo Molly antes de apretarla

Tuerca autoajustable tipo Molly después de apretarla

Montaje de herrajes entre largueros. Si no es posible fijar los herrajes en los largueros, se deben utilizar tuercas autoajustables del tipo Molly o de lengüeta. No se deben exceder las especificaciones del fabricante en cuanto a los límites de carga cuando los herrajes se montan entre largueros.

Montaje de ménsulas en mampostería. Se utilizan tornillos y anclas como los que se muestran en la página 34. En función a la carga que va a soportar el anaquel, la separación entre ménsulas puede ser de 16″ a 24″ (400 mm a 610 mm).

Nivelación de herrajes. Para nivelar las ménsulas y los postes es indispensable el nivel de carpintero. Si el espacio entre cada par de ménsulas es muy grande, coloque el nivel sobre una tabla de 2 × 4.

Anaqueles sencillos

Un anaquel sencillo pero fuerte se instala fácil y rápidamente si se utilizan postes ranurados y ménsulas de metal. Con el detector de anclas se localizan estas piezas en la pared; los postes metálicos se fijan directamente en los montantes o pies derechos para que queden firmes. Los anaqueles de pared a pared deben quedar soportados por un poste metálico cada 48″ (1219 mm).

Para que el anaquel tenga una mejor vista, el poste metálico se puede entallar en un listón de madera, como se muestra en la fotografía. Este acabado se logra con el acanalador eléctrico para hacer las ranuras en los lis-

tones. Con esta misma herramienta se le da un acabado tipo moldura al canto de los anaqueles.

Antes de empezar
Herramientas y materiales: serrucho; listones de madera de 1 × 2; tablas de 1 × 8; acanalador eléctrico con una broca plana, banco portátil para montar herramientas eléctricas; postes metálicos para anaqueles; taladro y brocas; tornillos para tabla de fibra de madera de 3″ (76.2 mm).

Cómo construir y colocar anaqueles sencillos

1 Corte los entrepaños a la medida deseada; utilice tablas de 1 × 8. Los listones de madera se cortan de la misma longitud que los postes de metal. Marque el contorno del poste en el listón.

2 Los listones se ranuran con una broca plana. El acanalador se monta en el banco de trabajo portátil para tener mayor control. Se le dan varias pasadas hasta que la ranura sea adecuada para el ancho y el grueso del poste metálico.

3 Inserte los postes de metal en las ranuras; después haga barrenos piloto en cada una de las perforaciones del poste que pasen totalmente el listón.

4 Fije los postes ya montados en los listones con tornillos para panel de fibra de madera de 3" (76.2 mm). Atornille cada poste en un larguero y vea que quede a plomo y a nivel. Coloque las ménsulas ajustables a la altura deseada y forme los anaqueles con los entrepaños.

Anaqueles empotrados

El espacio que queda entre una puerta o ventana y el rincón que se forma con la pared adyacente se puede aprovechar para construir un anaquel permanente y tener un lugar donde guardar y conservar muchos objetos.

Para este trabajo se puede utilizar madera de 1″ (25.4 mm) de cualquier clase, excepto panel de madera de partículas o aglomerado porque se dobla y no soporta objetos de cierto peso. Si se trata de construir anaqueles que soporten cargas pesadas, como libros, por ejemplo, se debe utilizar tablas de madera dura de 1 × 10 ó 1 × 12, y el espacio entre soportes no debe ser mayor de 48″ (1219 mm). Los anaqueles se soportan con clavijas o con presillas en los extremos.

Antes de empezar

Herramientas y materiales: cinta métrica, serrucho, escuadra metálica; tablas de 1 × 10 ó 1 × 12, panel perforado de desperdicio; taladro y broca de 1/4″ (6.35 mm); pintura o barniz; martillo, clavos sin cabeza 6d, clavos 12d, molduras y punzón.

Un buen consejo: cuando construya el armazón del mueble, corte las piezas verticales 1″ (25.4 mm) más cortas que la dimensión piso-techo. Esto facilita la colocación, ya que permite inclinar el armazón sin dañar el techo. Las molduras se colocan para ocultar el espacio que quede entre la madera y el piso, y entre la madera y el techo.

Cómo construir un armario empotrado

1 Mida el largo y el ancho del espacio que se va a aprovechar. Para facilitar la instalación, la altura del armazón principal debe tener 1″ (25.4 mm) menos que la dimensión entre piso y techo. Quite las tablas del zócalo (página 25) y córtelas de manera que queden justo alrededor del armazón principal. Una vez que queda clavado el armazón en su lugar, se vuelven a colocar las tablas del zócalo.

2 Trace y corte las piezas siguientes: dos laterales (A), 1″ más cortos que la altura de piso a techo; marco superior (B), marco inferior (C) y los entrepaños (D), cada uno 1-1/2″ más cortos que la medida a lo ancho del armazón; cuatro soportes de 2 × 2 (E), también 1-1/2″ más cortos que el ancho de la unidad principal.

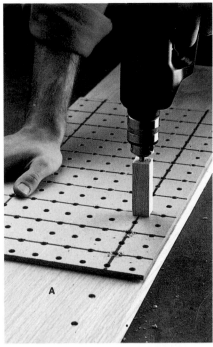

3 Utilice un panel perforado como guía y barrene unos agujeros de ¹/₄″ (6.35 mm) por pares, en los dos marcos laterales. Estas perforaciones deben quedar a 9″ (22.86 mm) en sentido horizontal y a 2″ (50.8 mm) en sentido vertical. Su profundidad debe ser de ³/₈″ (9.525 mm). Utilice un pedazo de madera de desperdicio o un accesorio de tope como guía de la profundidad.

4 Aplique la pintura o tinte a la madera antes de armar el armazón principal. Clave los dos marcos laterales (A) en los extremos de los soportes (E). Utilice clavos 6d que pasen el grueso del marco y queden dentro del soporte.

5 Levante el armazón hasta que quede al ras de la pared. Clave primero el soporte del fondo (E) en los largueros de la pared. Después se clavan los soportes inferiores en el piso. Utilice clavos con cabeza 12d. Vuelva a colocar en su lugar las tablas del zócalo.

6 Coloque dentro de los dos marcos laterales (A) el marco inferior (C) y el marco superior (B). El marco lateral debe quedar sobre el horizontal y clavarse con clavos 6d.

7 Corte en inglete las molduras para que ajusten a la parte superior e inferior del marco principal (páginas 106-109). Las molduras se fijan con clavos sin cabeza 6d. Todos los clavos se embuten con un punzón.

Cajoneras para armarios

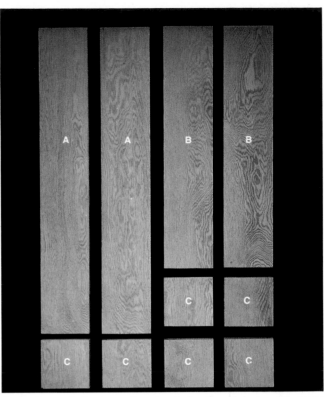

Una cajonera ayuda a que se utilice en forma eficiente el espacio de un armario, lo que significa duplicar la capacidad de almacenaje. Las cajoneras compradas hechas llegan a tener precios muy altos; en cambio, por lo que cuesta una hoja de madera terciada, un polín redondo para colgar la ropa y una pieza de madera de 1 × 3, se construye una cajonera para un armario de 5 pies (1524 mm).

Antes de empezar

Herramientas y materiales: martillo, clavos sin cabeza 6d y 8d; una pieza de madera de 1 × 3, una hoja de madera terciada de ³/₄″ (19.05 mm) de grueso y 4 pies de ancho × 8 pies de largo (1219.2 × 2438 mm); cinta métrica, escuadra de metal, sierra circular; polín redondo para colgar la ropa; desarmador, pintura y barniz.

Corte de una hoja de madera terciada. De una hoja estándar se sacan las siguientes piezas: dos tablas largas, para los lados; dos tablas cortas, para entrepaños; y seis cuadrados. Todas estas piezas con un ancho de 11-⁷/₈″ (300 mm).

Cómo construir una cajonera para armario

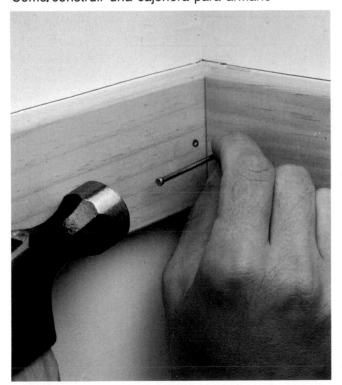

1 Corte los soportes laterales y trasero de una tabla de 1 × 3. Cada soporte debe tener la medida que se ajuste a las dimensiones de las paredes donde se van a colocar. El canto de los soportes debe quedar a 84″ (2133 mm) del piso. Se clavan en los travesaños empotrados a la pared con clavos sin cabeza 8d.

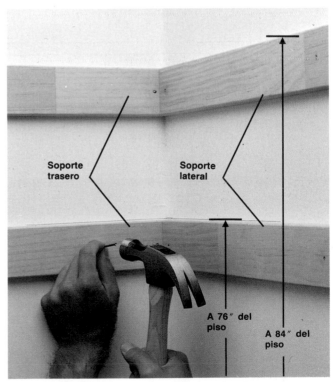

Soporte trasero

Soporte lateral

A 76″ del piso

A 84″ del piso

2 Corte otro juego de soportes y clávelos en la misma forma, pero a una altura de 76″ (1850 mm).

(continúa en la siguiente página)

Cómo construir una cajonera para armario

3 Corte las dos tablas cortas (B) de la hoja de madera terciada de ³/₄″ (19.05 mm) de grueso. El ancho de estos entrepaños es de 11-⁷/₈″ (300 mm); su longitud debe ajustarse a la dimensión que tenga el armario.

4 Mida y corte los dos lados de la cajonera. Estas dos tablas (A) miden 76″ de alto, 11-⁷/₈″ de ancho y ³/₄″ de grueso (1850 × 300 × 19.05 mm).

5 Mida y corte las seis piezas cuadradas (C) para los entrepaños de la cajonera. Cada pieza mide 11-⁷/₈″ de lado y ³/₄″ de grueso (300 × 300 × 19.05 mm).

Cajonera central

6 Arme la cajonera con clavos sin cabeza 6d. Los entrepaños se colocan espaciados uniformemente o a diferentes alturas, lo que depende del uso que se les vaya a dar. La parte superior de la cajonera queda destapada (ver el paso 8).

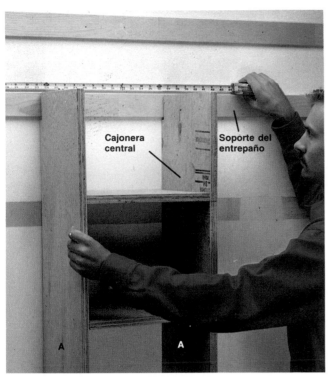

7 Coloque la cajonera al centro del armario. Marque y haga las ranuras que se necesitan en las tablas laterales para que ajusten en el soporte inferior.

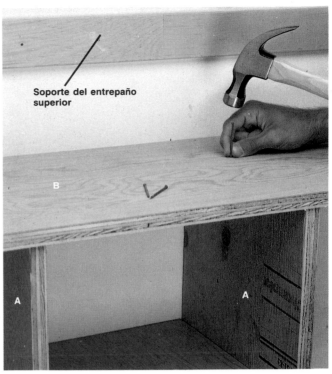

8 Ponga el entrepaño (B) sobre las tablas laterales de la cajonera (A) y el soporte de la pared. Fíjelo con clavos sin cabeza 6d. Coloque el otro entrepaño en el soporte superior; utilice la misma medida de clavos.

9 Atornille el soporte del polín redondo para colgar la ropa. Se coloca a 11″ (280 mm) de la pared y a 3″ (76.5 mm) del entrepaño inferior. El que va en la tabla lateral se atornilla directamente; el que va en la pared se debe colocar con su tornillo puesto en una ancla (página 34). Si se requiere, puede poner otro colgador de ropa en la parte inferior del armario, a 38″ (96.5 mm) del piso.

Armario y cajonera terminados. Todos los artículos guardados en la cajonera quedan a la mano. En la sección central de la cajonera se guardan zapatos, toallas y otros artículos voluminosos.

Soportes colgantes en U. Estos soportes permiten la circulación del aire, lo que ayuda a que la madera almacenada se mantenga seca y no se tuerza.

Estantes

Construir unos estantes es la mejor manera de mantener bien organizado el taller, el sótano, el garaje o el desván. Como soportes se utilizan pedestales tipo escalera, y los entrepaños se hacen de manera terciada de 1/2" ó 3/4" (12.7, 19.05 mm) de grueso. El estante se fija a la pared con tornillos para tabla de fibra de madera o para mampostería.

La madera se puede almacenar perfectamente en el garaje o en el sótano. Para esto se construyen unos soportes en forma de U de madera de 1 × 4. Estos soportes se cuelgan para aprovechar el espacio que queda entre el cofre del automóvil y el techo. La madera se conserva seca y derecha en estos estantes.

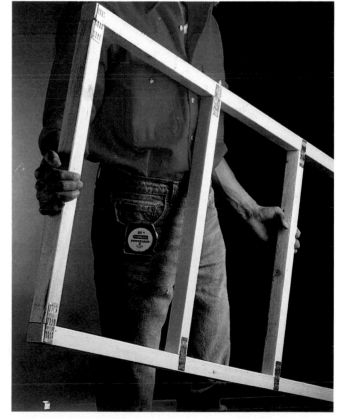

Pedestales tipo escalera. Estos soportes se pueden comprar hechos para construir fácilmente los estantes, o también se pueden hacer de madera de 2 × 2 (ver página siguiente).

> **Antes de empezar**
>
> Herramientas y materiales para estantes: polín de 2 × 2, cinta métrica, serrucho, escuadra de carpintero; un pedazo de madera terciada de 3/8" (9.525 mm), pegamento para madera, tornillos para tabla de fibra de madera de 1" y 3" (25.4, 76.2 mm). Pistola para atornillar o desarmador de baterías recargables; hojas de madera terciada de 1/2" ó 3/4" (12.7, 19.05 mm).
>
> **Herramientas y materiales para soportes colgantes:** tabla de 1 × 4, cinta métrica, serrucho, placas de metal, tornillos para tabla de fibra de madera de 1" (25.4 mm); pistola para atornillar o desarmador de baterías recargables; taladro y broca de 1/4" (6.35 mm); pijas de 1-1/2" (38.1 mm).

Cómo construir estantes

1 Para construir pedestales tipo escalera, corte las patas y los travesaños de madera de 2 × 2. Los travesaños se cortan 3″ (76.2 mm) más cortos que el ancho de los estantes.

2 Ensamble las patas y los travesaños con escuadras de refuerzo de 4-1/2″ (114.3 mm) hechas de madera terciada de 3/8″ (9.525 mm) de grueso, o cartelas de metal. Pegue las escuadras con adhesivo para madera y atorníllelas con tornillos para panel de fibra de madera de 1″ (25.4 mm); de esta manera los pedestales quedan con sus juntas reforzadas.

3 Fije los pedestales a los travesaños embutidos en la pared; utilice tornillos para panel de fibra de madera de 3″ (76.2 mm). Si los va a fijar a una pared de concreto, utilice anclas para mampostería (página 34).

4 Corte los entrepaños de madera terciada de 1/2″ (12.7 mm) ó 3/4″ (19.05 mm) de grueso. Con la sierra caladora se cortan ranuras de 1-1/2″ (38.1 mm) en las esquinas y donde sea necesario para que ajusten los entrepaños en las patas de los pedestales.

Cómo construir soportes colgantes

1 Mida la altura, el largo y el ancho del área en la que se van a colocar los soportes. Si los va a instalar en el garaje, asegúrese de que la altura de los soportes libre el cofre del automóvil. Para almacenar madera, los soportes colgantes en U deben quedar con una separación de 4 pies (1219.2 mm)

2 Para cada soporte colgante, corte dos patas y un travesaño de madera de 1 × 4. El travesaño debe ser 7″ (177.8 mm) más corto que el ancho total del casillero.

3 Ensamble las patas y los travesaños con placas o cartelas de metal y tornillos para panel de fibra de madera de 1″ (25.4 mm).

4 Perfore cada pata en sus extremos y haga unos barrenos piloto en los largueros del techo con una broca de 1/4″ (6.35 mm). Atornille los soportes en los largueros con pijas de 1-1/2″ (38.1 mm). En los techos terminados, coloque un tablón de 2 × 4 (página 84) y atornille en este tablón los soportes colgantes.

Paredes

Planificación del trabajo de remodelación

No importa si un trabajo de remodelación es simple o complejo; siempre se debe iniciar cualquier proyecto con un plano a escala en papel milimétrico. Utilice una escala que sea fácil de leer (por ejemplo, en el sistema inglés, 1 pulgada = 1 pie; en el sistema métrico, 1 centímetro = 1 decímetro). De acuerdo con lo indicado por el plano, haga una lista de las herramientas y materiales que se necesitan para realizar el trabajo. De esta manera se pueden comparar precios de los diferentes proveedores y calcular así el costo de todo el proyecto.

Consiga información de las autoridades locales en asuntos de construcción antes de emprender los trabajos de remodelación. Las modificaciones que alteran la estructura de la construcción requieren de un permiso. También se necesitan permisos para hacer cambios en la plomería, en la calefacción o en la instalación eléctrica. Si el proyecto debe ser autorizado, presente junto con la solicitud el dibujo a escala y la lista de materiales. Asegúrese de que se hagan las inspecciones que indica el reglamento de construcción, según avance el trabajo.

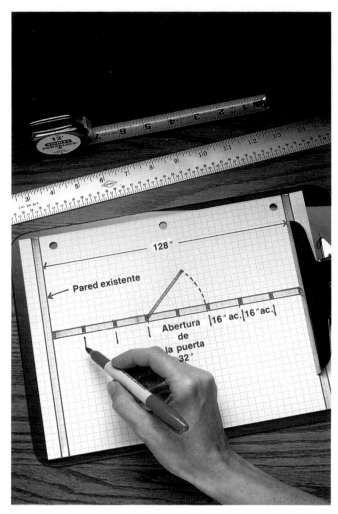

Plano detallado. El plano de la modificación que se va a realizar se dibuja a escala. Se escoge una escala que sea fácil de leer, como 1 pulgada igual a 1 pie, si se utiliza el sistema inglés, o 1 centímetro igual a 1 decímetro, en el sistema métrico. Anote todas las dimensiones, las aberturas en la pared, el lugar donde quedarán las salidas de la instalación eléctrica y también de la plomería. Se anotan los materiales que se van a utilizar. Este plano y la lista de materiales se presentan junto con la solicitud de permiso de construcción.

Distribución del proyecto. Con cinta adhesiva de 2″ (50.8 mm) de ancho se marca en el piso el perímetro de las paredes para que se marquen las aberturas de ventanas y puertas. Marcar en tamaño natural ayuda a visualizar el resultado final.

Herramientas y materiales para remodelación

Madera: listones de 1 × 2; polines para bastidor de 2 × 2, 2 × 4 y 2 × 6; cuñas de madera; chambranas para ventanas y puertas; molduras de base; listoncillo redondo de 1/4″.

Hojas de madera terciada y laminada: paneles de 1/2″ (12.7 mm) de grueso (hojas de 4 × 8 y de 4 × 12 pies); paneles de 3/8″ (9.525 mm) de grueso; paneles resistentes al agua, madera terciada para revestimiento, madera terciada de acabado (de 1/2″ y 3/4″ de grueso); tablero de partículas aglomeradas de 3/4″ (19.05 mm); paneles de madera; paneles de material aislante; aislante de fibra de vidrio; tableros Sound Stop®.

Fiadores: clavos comunes (6d, 8d, 16d); clavos sin cabeza (4d, 6d, 8d); clavos para concreto; tornillos para paneles de yeso (1-1/2″, 2-1/2″ y 3″ de grueso); pijas; anclas para mampostería, anclas Grip-it®; conectores de metal.

Adhesivos: pegamento para paneles, pegamento para construcción, varillas de pegamento térmico, pegamento para carpintero.

Misceláneos: puertas y ventanas prefabricadas; cerraduras; pasta y cinta para calafatear paredes de yeso; pintura; papel tapiz; ac-cesorios para instalación eléctrica; arillos para lámparas; accesorios de plomería; escaleras; caballetes.

Herramientas de mano: martillo de uñas de 16 onzas; martillo para paredes de yeso; alzaprima; desarmadores (de hoja y de cruz); escuadra de metal; escuadra de combinación; nivel de carpintero; escuadra falsa; prensas; cinta métrica de metal de 3/4″ de ancho; plomada con cordón marcador; localizador electrónico; marcador de carpintero; cuchilla y navajas; serrucho para corte al través; serrucho de costilla y caja para ingletes; segueta de arco; segueta para calar; cepillo de metal; espátulas de 6″ y 10″ de ancho; bandeja para pasta de relleno; pistola para calafatear.

Herramientas eléctricas: sierra circular y discos; seguetas para calar y hojas; acanalador y brocas planas; taladro eléctrico de velocidad variable y brocas; desarmador eléctrico o atornillador de baterías recargables; lijadora eléctrica y lijas; extensión eléctrica.

Extras: permiso para construir, herramientas rentadas, contratos para trabajos de plomería e instalación eléctrica.

Construcción y acabado de paredes interiores, paso por paso (detalles en las páginas siguientes)

1 Coloque la solera superior. Si desea que las paredes sean a prueba de ruido, vea las instrucciones que aparecen en las páginas 110-111 referentes a las técnicas que se aplican en la construcción del bastidor.

2 Instale la solera inferior. Esta solera se coloca exactamente abajo de la solera superior con la ayuda de una plomada.

3 Los montantes se colocan con conectores de metal o con clavos metidos al sesgo.

4 Bastidor para puerta prefabricada (páginas 88-91). Estas puertas vienen ya montadas en las jambas. El marco se hace 3/8″ (9.525 mm) más grande en cada lado para que entre la puerta.

5 Tienda la tubería y los cables que se necesiten. Para proteger las partes de la instalación hidráulica y eléctrica, se les coloca una placa de metal. Se evita así que se perforen con un clavo o tornillo.

6 Instale los paneles de la pared seca (páginas 92-97). Para la mayoría de las aplicaciones puede utilizar tabla-roca de 1/2″ (12.7 mm) de grueso. También puede utilizar paneles de madera (páginas 102-105). Dele el acabado a la pared como se indica en las páginas 98-101.

7 Coloque la puerta como se indica en las páginas 114 y 115. Las puertas prefabricadas vienen ya listas para instalar con sus jambas y sus chambranas cortadas en inglete.

8 Corte e instale las chambranas (páginas 106-109). Se pintan o se tiñen todas las partes de adorno, según se desee.

Bastidor de una pared interior

Las paredes interiores normalmente no soportan carga alguna. Por esta razón son más fáciles de construir que las paredes exteriores, que casi siempre son de carga. Todo lo que se necesita para construir una pared interior es una solera superior clavada al techo, una solera inferior que va clavada en el piso directamente abajo de la solera del techo y una serie de montantes verticales montados con intervalos de 16″ (406.4 mm) a 24″ (609.6 mm).

El total de la madera que se necesita debe calcularse tomando en cuenta que los reglamentos de construcción marcan que debe quedar un montante cada 16″ ó 24″. Considere además las soleras y los tirantes cortos (mostrados abajo); si va a instalar una puerta en la pared, no olvide incluir el material para su marco.

Antes de empezar
Herramientas y materiales: detector electrónico de anclas de madera; madera de 2 × 4; cinta métrica, martillo, sierra circular, plomada, escuadra de combinación; clavos comunes o de cajonero (4d, 6d, 8d y 16d), uniones de metal, placas metálicas; pistola para resanar, adhesivo para construcción; clavos para concreto tratados térmicamente.

Un buen consejo: para construir paredes a prueba de ruido, vea las páginas 110 y 111.

Cómo hacer el bastidor de una pared interior

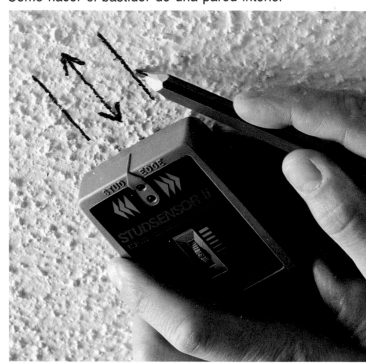

1 Con el localizador electrónico encuentre el lugar donde está cada extremo de los travesaños del techo. Marque el lugar y la dirección de los travesaños. Si hay tirantes cortos, también se localizan y se marcan sus extremos.

Unión de la pared nueva y el bastidor ya construido (se muestra con el cielo raso quitado)

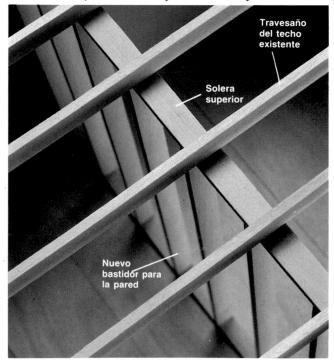

Instalación de solera. La solera de la pared que se va a instalar se clava directamente en los travesaños del techo si su colocación es perpendicular a los mismos.

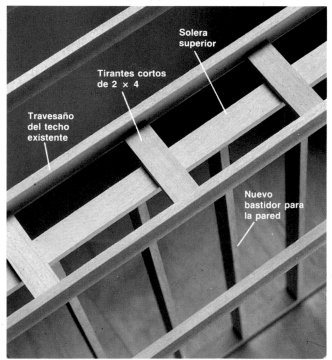

Tirantes de 2 × 4. Si la pared que se va a instalar queda paralela a los travesaños y no queda abajo de alguno, se necesita colocar tirantes entre los travesaños. Para esto se utilizan clavos 8d. Los tirantes sirven para fijar en ellos la pared. Si no se pueden instalar los tirantes, entonces es conveniente colocar el bastidor de la nueva pared directamente abajo de uno de los travesaños más próximos.

2 Con la cinta métrica mida y marque el sitio en el que va a quedar la solera superior clavada en el techo.

3 Corte la solera superior y la inferior. Colóquelas una junta a la otra a lo largo para que pueda marcar la posición de cada uno de los montantes. Según las disposiciones del reglamento de construcción que se aplique en cada caso, los montantes deben quedar a 16″ (406.4 mm) ó 24″ (609.6 mm).

4 Con la escuadra de combinación se marca la localización de cada montante. En cada X debe de colocarse un montante; para referencia, marque uno de los extremos de las soleras.

5 Sostenga la solera en posición. Con clavos de 16d fíjela en el techo. Los clavos deben entrar en los travesaños o en los tirantes cortos.

(continúa en la siguiente página)

Cómo hacer el bastidor de una pared interior (continúa)

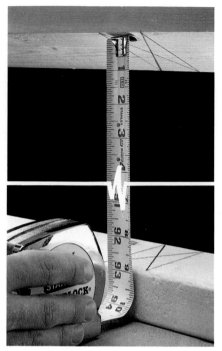

6 La solera del piso se coloca con la ayuda de una plomada. Esta plomada se coloca en la solera del techo de madera que apenas toque el piso. Cuando la plomada se quede quieta, marque ese punto en el piso. Las lecturas de la plomada se toman en los dos extremos de la solera superior. La solera inferior se coloca de acuerdo con esas marcas.

7 Para fijar la solera inferior, aplique adhesivo para construcción en la cara que queda contra el piso. Utilice clavos para concreto tratados térmicamente; se deben poner cada 16″ (406.4 mm). Si el piso es de madera, utilice clavos 8d colocados en igual distancia.

8 Mida la distancia entre el piso y el techo en cada punto donde vaya a colocar un montante. Como existe una diferencia en el paralelismo de piso y techo, los montantes varían en su longitud. Con la sierra circular corte cada montante a la longitud correcta.

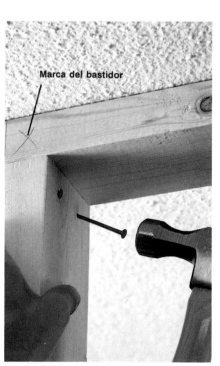

Marca del bastidor

9 Coloque los montantes con la ayuda de un martillo. Cada montante debe quedar alineado de acuerdo con las marcas hechas en las dos soleras.

10 Los montantes y las soleras se clavan con placas de metal; utilice clavos 6d u 8d.

Alternativa para clavar. También se pueden clavar los montantes y las soleras con clavos 6d u 8d puestos al sesgo por una cara de los montantes. Coloque los clavos a 45°.

Cómo hacer el bastidor en las esquinas (se muestra en cortes)

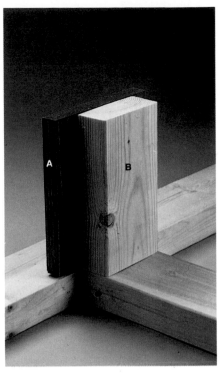

Esquina en L: clave espaciadores (A) de 2 × 4 en la cara interna del montante del extremo. Clave otro espaciador (B). Estos espaciadores sirven para clavar los paneles de las paredes de yeso en las esquinas internas.

Esquina en T: esta esquina se clava en el montante. Clave los apoyos (A) de 2 × 2 en cada lado del montante (B). La superficie de los apoyos sirve para clavar los paneles de las paredes de yeso.

Esquina en T entre montantes: atornille un apoyo (A) de 1 × 6 en el montante del extremo (B). Utilice tornillos para paneles de fibra de madera. Estos apoyos sirven para clavar los paneles de paredes de yeso.

Cómo tender tubería y cables por el bastidor

1 Con el taladro y una broca plana, o con la sierra para perforar, haga los barrenos que se necesiten para pasar tubería de agua, cables de electricidad o línea telefónica.

2 Proteja los lugares por donde pasa el alambrado con unas placas de metal clavadas en los montantes. De esta manera se protegen los tubos y los cables de un posible daño cuando se claven los paneles de las paredes secas.

Solera superior

Medio
tirante

Cabezal
del marco

Montante largo o pendolón

Montante de enlace o de carga

Solera
inferior

Bastidor para una puerta prefabricada

Los bastidores o marcos de las puertas se construyen de madera seca y derecha para que la puerta ajuste parejo en la abertura. Si se utiliza madera de buena calidad, el marco no se tuerce y se evita que la puerta se atasque.

Primero se compra la puerta prefabricada. La mayoría de estas puertas tienen 32″ (812.8 mm), pero también las hay de otras medidas y en una gran variedad de estilos. Después se calcula el tamaño de la abertura y se coloca el marco.

La altura de las puertas prefabricadas normalmente es de 82″ (2540 mm). Se deja un claro para ajuste de 3/8″ (9.525 mm); este claro sirve para poner a plomo y a nivel la puerta dentro de su marco. Los montantes se cortan de 80-7/8″ (225.4 mm) y el cabezal del marco se clava a 82-3/8″ de altura (2549.5 mm). Nota: las puertas se instalan después de haber colocado los tableros de la pared de yeso (páginas 114-115).

Antes de empezar
Herramientas y materiales: puerta prefabricada; madera de 2 × 4; cinta métrica, escuadra de metal; clavos comunes 8d, uniones de metal; serrucho.

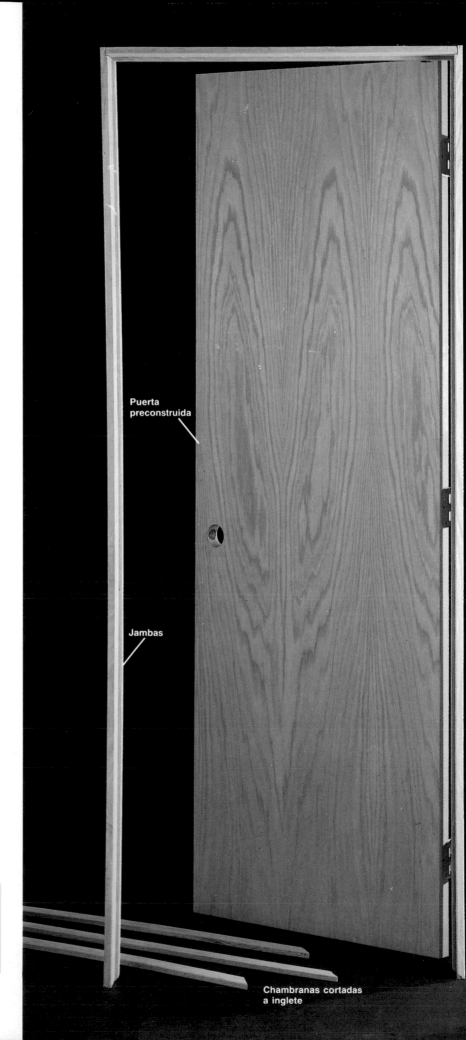

Puerta preconstruida

Jambas

Chambranas cortadas a inglete

Cómo hacer el marco de una puerta interior prefabricada

Marcas en el pendolón

Marcas en el pendolón

←————— Ancho de la puerta —————→

Marcas en el montante de carga

³/₈″ de más

³/₈″ de más

Marcas en el montante de carga

1 Ponga la puerta y las soleras en la forma que se muestra. Mida el ancho de la puerta hasta la orilla de cada jamba. Marque la distancia en la solera superior y en la solera inferior. Deje a cada lado ³/₈″ (9.525 mm) de huelgo y marque nuevamente las soleras. Desplace las marcas de los montantes 1-¹/₂″ (38.1 mm) y marque el lugar del pendolón o montante mayor y el montante de enlace o montante corto, que van a cada lado.

2 Clave la solera superior y la inferior. La solera inferior no se clava al piso en la parte que queda entre los dos montantes de enlace, ya que esa parte del montante se corta antes de instalar la puerta.

Montante largo

3 Mida y corte los dos pendolones; colóquelos en su lugar, donde está marcada la X. Cada pendolón se fija en la solera, ya sea con clavos puestos al sesgo a 45° o con placas de metal (página 22).

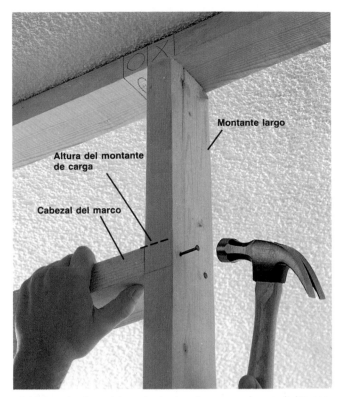

Montante largo

Altura del montante de carga

Cabezal del marco

4 Marque la altura del montante de enlace en cada uno de los pen-dolones. El cerramiento o tirante superior debe quedar a 82-3/8″ (2549.5 mm) clavado en los dos pendolones.

Yugo o medio tirante

Junta con clavos sesgados

5 Clave el yugo arriba del cerramiento, a la mitad de los dos pendo-lones. A la solera se clava con los clavos sesgados; al cerramiento, con clavos que vayan de la cara inferior del tirante hasta el yugo.

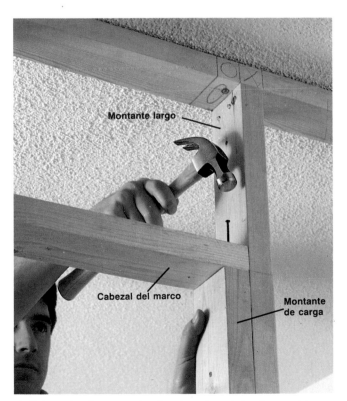

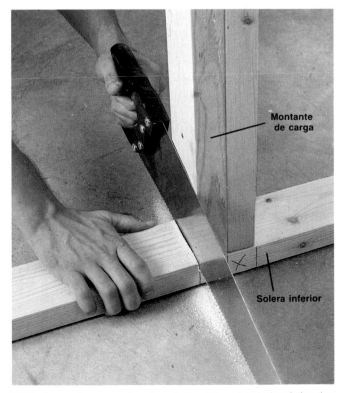

Montante largo

Cabezal del marco

Montante de carga

6 Coloque los dos montantes de enlace al ras de los dos pendolones; una vez puestos en su lugar, se clavan. Introduzca el clavo a través del cerramiento hasta que llegue a los dos montantes cortos.

Montante de carga

Solera inferior

7 Corte con el serrucho la solera de 2 × 4 a ambos lados de los dos montantes de enlace. Quite esa parte de la solera.

Colocación de paredes de yeso

Los tableros de las llamadas paredes de yeso, paredes secas, tabla-roca, o paneles de yeso se consiguen en el mercado en hojas de 4 × 8 pies (1220 × 2448 mm) o de 4 × 12 pies (1220 × 3660 mm); los gruesos de los tableros van de 3/8″ (9.525 mm) a 3/4″ (19.05 mm). Para facilidad de manejo, en la mayoría de las aplicaciones se puede utilizar el tablero de 1/2″ (12.7 mm) de grueso y de 4″ × 8″ pies. Si los reglamentos de construcción lo marcan, la pared se construye con paneles de 5/8″ (15.875 mm) de grueso para que tenga mayor resistencia al fuego; también se utiliza este panel si se requiere que la pared o el plafón sea a prueba de ruido.

La colocación de estos tableros se hace con clavos y un martillo diseñados para paredes secas. También se puede utilizar un adhesivo especial y tornillos para tabla-roca. El uso del adhesivo elimina algunos problemas que se presentan al momento de colocar los paneles, además de que la superficie queda sin los bordos que dejan los clavos, lo que facilita el trabajo de acabado de la pared.

Los cantos a lo largo de los paneles tienen cierto ahu-samiento para que se forme una hendedura y se pueda tapar la junta con cinta de papel y pasta para paneles de yeso. Los tableros que se colocan canto contra canto dan problemas al momento de terminarlos; por esta razón, se deben evitar que los tableros queden a tope.

Antes de empezar

Herramientas y materiales: regla de madera, martillo, cinta métrica, escuadra para paredes secas, cuchillo, serrucho para paneles de yeso, sierra caladora, compás de corte, caballetes para construir un andamio (página 60), pistola para resanar; paneles de yeso de 4 × 8 pies (1220 × 2448 mm), martillo y clavos especiales para tabla-roca; tornillos para paneles de yeso de 1-1/4″ (31.75 mm), adhesivo para paneles de yeso; elevador de paneles.

Un buen consejo: revise los paneles antes de instalarlos; no deben tener las esquinas rotas o estar rajados. Los paneles en malas condiciones son difíciles de instalar y se tienen problemas cuando se les da el acabado.

Martillo para paredes de yeso

Sierra caladora

Cinta métrica

Elevador de paneles

Compás de corte

Escuadra T para tableros de yeso

Macklanburg-Duncan

Pistola para atornillar

Tornillos para tableros

Serrucho para tableros

Cuchilla

Pistola para resanar

Herramientas para instalar tableros. Los paneles de las paredes de yeso se montan con las siguientes herramientas: martillo con cabeza convexa para indentar las cabezas de los clavos; segueta caladora; cinta métrica; elevador de paneles, para colocar en posición cada tablero; pistola para resanar; adhesivo para paneles; cuchilla; serrucho para tableros que sirve para cortar alrededor de ventanas y puertas; escuadra T para tableros de yeso; tornillos para tableros; pistola para atornillar con embrague ajustable para fijar la penetración de los tornillos, compás de corte para hacer las perforaciones para los accesorios de iluminación.

Cómo preparar la colocación de paredes de yeso

1 Verifique con una regla de 4 pies (1219.2 mm) de largo cuando menos que todos los montantes estén derechos. Cambie cualquiera de ellos que esté torcido.

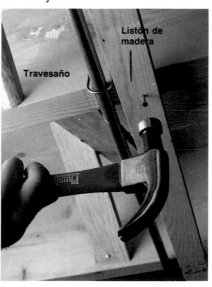

Travesaño

Listón de madera

2 Revise que las tuberías de agua y los ductos de la calefacción no estorben cuando este tipo de instalación cuelga de los travesaños del techo. Clave unos listones en el armazón para alargar la superficie de la pared, o desplace las obstrucciones.

3 Marque la localización de los montantes con un lápiz de carpintero, o directamente en el piso con cinta adhesiva. Como los tableros cubren los montantes, estas marcas indican en donde hay que clavar.

Cómo cortar una pared de yeso

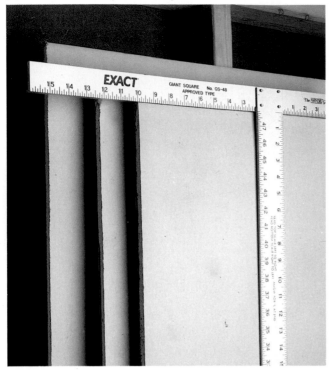

1 Coloque el panel de pared seca en posición vertical con la cara terminada hacia el frente. Corte e instale los tableros uno a la vez.

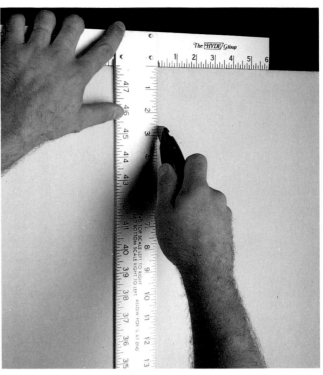

2 Con la cinta métrica mida la longitud del tablero que se necesita. Coloque la escuadra metálica en T con la regla corta al ras del canto del tablero. Corte con la cuchilla a todo lo largo de la regla vertical para separar el papel.

3 Con las manos, doble las dos secciones del tablero para partir la cubierta de yeso. Doble hacia atrás la pieza que no va a usarse. Con la cuchilla se corta el papel de respaldo para separar las dos piezas.

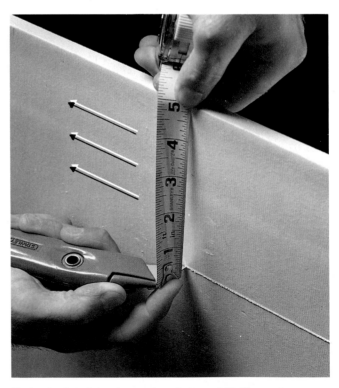

Cortes horizontales. Los cortes a lo largo del tablero se hacen con la cinta métrica, que marca el ancho necesario, y la cuchilla que se coloca en el extremo de la cinta metálica. Con la cinta métrica y la cuchilla sujetas firmemente, se recorre a lo largo del canto del panel para cortar el papel del frente.

Cómo cortar entalladuras y aberturas en paredes de yeso

1 Con el serrucho para tableros se cortan los lados de la entalladura. Este serrucho tiene los dientes dispuestos de tal manera que corta muy rápido y no se tapan.

2 El corte horizontal de la entalladura se hace con la cuchilla. Doble el pedazo de panel para que se parta la capa de yeso. Corte el papel con la cuchilla para que se pueda quitar la parte que no se va a usar del panel.

Corte de aberturas. Las salidas para la línea del teléfono y ductos de la calefacción se hacen con la sierra caladora. Se le pone una hoja para cortar madera, de dientes gruesos.

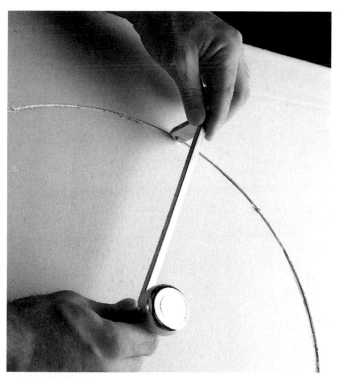

Cortes circulares. Estos cortes se hacen para colocar los arillos de las lámparas o los extractores de aire. Se utiliza el compás de corte. Una vez ajustado a la medida del corte, se centra el compás y se marcan los dos lados del tablero. Después sólo se golpea suavemente con el martillo para que se desprenda la parte del panel que no se va a utilizar.

Cómo colocar un techo de paneles

1 Los paneles del techo se colocan antes que los de la pared. La localización de los montantes se marca en la solera superior para que sirva de guía al momento de clavar el panel. Se recomienda que trabaje con un ayudante siempre que emprenda trabajos de colocación de paneles en el techo.

2 Si coloca una esponja dentro de su gorra cuando haga trabajos de este tipo se le facilitará la maniobra, ya que con la cabeza puede sostener el panel en su lugar mientras lo clava.

3 Construya un andamio con los caballetes y con tablones (página 73). La altura del andamio debe ser tal que la cabeza de quien instala los paneles quede precisamente tocando los travesaños del techo. De esta manera se puede sostener el panel con la cabeza y clavarlo.

4 Aplique adhesivo a todo lo largo de la cara inferior del travesaño. Sostenga el panel firmemente con la cabeza de manera que le queden las manos libres para clavar o atornillar.

Cómo colocar paredes de yeso

1 Los paneles se colocan con adhesivo o con tornillos. El adhesivo se pone en el montante con la pistola para resanar. Donde queden las juntas se aplica el adhesivo en forma ondulada, para que las dos orillas de los paneles queden bien pegadas.

2 Instale los paneles verticalmente para evitar las juntas a tope que son difíciles de terminar. Con la ayuda del elevador de paneles levante el tablero hasta que asiente en el techo; una vez en posición, atorníllelo.

3 Con la pistola de atornillar introduzca los tornillos de 1-1/4″ (31.75 mm) de largo hasta que lleguen a los montantes. Coloque los tornillos en la forma que recomiende el fabricante del tablero.

4 La planeación efectiva de la forma en que se van a colocar los paneles es indispensable para evitar que quede una junta en una esquina de ventana o puerta. Las juntas de este tipo de panel por lo regular se rajan y se pandean e impiden la colocación de las juntas en inglete en puertas y ventanas.

Lijador con mango

Lija de agua

Espátulas

Acabado de paredes de yeso

Para dar el acabado a la pared se aplica la pasta en todas las hendeduras y agujeros de clavos y tornillos, lo mismo que en las esquinas. Como la pasta disminuye en volumen cuando se seca, se le deben dar tres manos a la pared para compensar esta disminución. La primera capa se aplica con una espátula de 4″ a 6″ (100 a 150 mm) de ancho; una vez que esté completamente seca la primera capa, se aplican las dos restantes con la espátula de 10″ (254 mm).

Para evitar las rajaduras, todas las juntas deben estar reforzadas. En las esquinas exteriores se colocan ángulos de metal antes de aplicar la pasta. En los rincones y en las juntas planas se aplica primero una capa delgada de pasta y sobre ésta se coloca la cinta para pared de yeso.

Herramientas para dar el acabado a los paneles. Para dar un buen acabado a los tableros de paredes secas se necesitan: una bandeja de plástico con las orillas de metal para poner la pasta para resanar; lija de agua para terminar las juntas de los tableros sin levantar polvo; espátulas de 4, 6 y 10 pulgadas (100, 150 y 250 mm); lijador con mango para terminar las juntas del techo.

Un buen consejo: para lijar, utilice una lijadora con lija de agua en vez de la lija común. Con esto se evita el polvo.

Pasta para resanar preparada. Para la mayoría de los trabajos de resane y sellado se recomienda utilizar la pasta ya preparada, con lo que se evita todo el problema que conlleva hacer la mezcla adecuada. Con esta mezcla se utiliza la cinta de papel especial para tableros.

Pasta para resanes rápidos. Si se trata de resanar áreas muy pequeñas conviene utilizar la pasta que se mezcla con agua y que seca en 1 ó 2 horas. Si se usa este tipo de pasta, entonces se debe poner cinta de fibra de vidrio.

Cómo emparejar las juntas de las paredes de yeso

1 Aplique una capa delgada de pasta a lo largo de la junta con una espátula de 4 ó 6 pulgadas (100-150 mm). La pasta se toma de la bandeja con la espátula en la cantidad adecuada.

2 Inmediatamente presione la cinta en la pasta. Centre la cinta a lo largo de la junta. Quite el exceso de pasta y alise la junta con la espátula mediana. Deje que seque la pasta.

3 Aplique dos capas delgadas de pasta con la espátula grande. Se debe dejar que la segunda capa seque y se contraiga durante toda la noche antes de aplicar la tercera capa. Antes de lijarla, la última mano de pasta debe dejarse endurecer ligeramente.

4 Alise la última capa de pasta antes de que seque completamente; para esto utilice un cojín con lija de agua. Con esta lija se pule la pasta sin que se levante polvo.

Cómo dar el acabado en las esquinas internas

1 Doble entre los dedos una tira de la cinta de papel para paredes secas. Coloque la tira entre su dedo índice y el dedo pulgar, y jálela.

2 Aplique una capa delgada de pasta en la esquina que forman las dos paredes con la espátula delgada.

3 Coloque la tira de papel doblada desde la parte superior de la esquina. Presione la tira dentro de la pasta con la espátula y aplane las dos superficies.

4 Aplique una segunda capa de pasta, primero a un lado y después a la otra pared. Cuando seque la primera pasta, termine la esquina opuesta. Después de que seque la segunda mano de pasta, aplique la capa final. Pula la superficie con la lija de agua (página 99).

Cómo dar el acabado en las esquinas externas

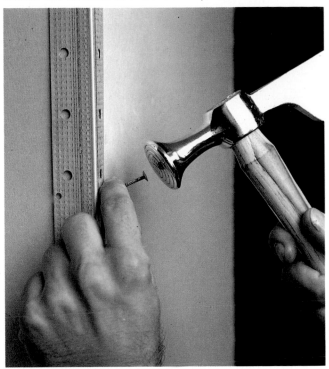

1 Coloque un listón de acero en la arista de las esquinas exteriores. Ajuste con el nivel el listón para que quede a plomo. Los listones se fijan con clavos para tablero de pared seca de 1-¹/₄″ (31.75 mm) puestos cada 8″ (20.32 mm).

2 Cubra el listón con tres capas de pasta; utilice la espátula mediana o la más grande. Cada capa debe dejarse secar toda la noche para que se contraiga. La capa final se pule con lija de agua (página 99).

Cómo tapar orificios de clavos y tornillos

Cabezas de tornillos tapadas. Las cabezas de los tornillos o los clavos usados para fijar el tablero se tapan con pasta. Aplique tres capas con la espátula chica o la mediana; deje secar cada capa toda la noche antes de aplicar la siguiente.

Cómo lijar las juntas

Lijado de juntas. Las juntas se lijan ligeramente después de que se seca la pasta, utilice una lija con mango para alcanzar las partes altas sin necesidad de escalera. Use una mascarilla si utiliza lijas comunes.

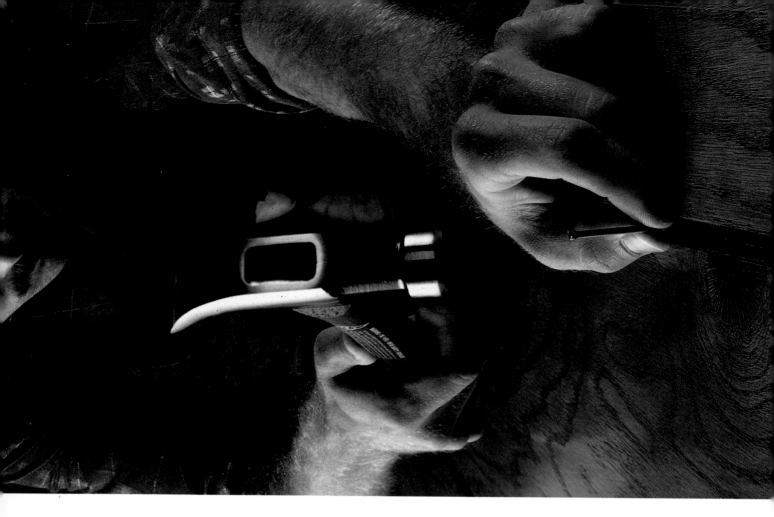

Colocación de paneles

Los paneles de madera son un material muy versátil, que se encuentra en una gran variedad de estilos, colores y precios. Son una alternativa de gran vistosidad a la que se recurre en lugar de pintar o tapizar las paredes. También se utilizan para cubrir paredes maltratadas, sin gastar mucho. Se encuentran en el mercado hojas de 4 × 8 pies (1220 × 2448 mm) y gruesos de $3/16''$ (4.763 mm) ó $1/4''$ (6.35 mm). Se pueden comprar con acabado o sin acabado.

Este material es muy durable y fácil de limpiar. Es muy utilizado para frisos de madera en el comedor o en la sala.

Antes de empezar
Herramientas y materiales: pata de cabra, detector de montantes, cinta métrica, plomada, sierra circular, regla de madera, martillo, nivel de carpintero, compás, segueta caladora, pistola para resanar, paneles de madera, clavos sin cabeza 4d, tinte para madera, adhesivo para madera, polvo para marcar.

Un buen consejo: las esquinas de las paredes casi siempre son irregulares. Para colocar paneles que ajusten en las esquinas que no están a escuadra, sólo se necesita un compás para marcar el perfil de la esquina en el panel. Una vez que se corta el panel con la forma marcada, ajusta perfectamente.

Cómo cortar y ajustar paneles de madera

1 Quite las chambranas y las molduras de los tableros, ventanas, puertas y techos. Coloque un pedazo de madera debajo de la barreta para evitar dañar las paredes.

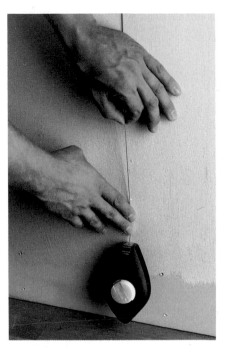

2 Con el detector electrónico localice los montantes. Empiece por la esquina más alejada de la entrada y encuentre el montante que esté a 48″ (936.3 mm) de la esquina, o lo más próximo a esa distancia. A partir de esa posición, marque cada montante que se encuentre a 48″.

3 Con la línea de marcar, haga un trazo vertical en la pared para marcar la posición de los montantes. La junta de los paneles quedará a lo largo de la línea.

4 Coloque cara abajo el primer panel. Mida la distancia que hay entre la esquina y la primera marca en la pared; deje 1″ (25.4 mm) más para que pueda hacer las marcas de ajuste. Coloque una regla que se pueda apretar al banco y con la sierra circular corte el panel a la medida.

Regla de metal

5 Coloque el primer panel de manera que la orilla cortada quede a 1″ (25.4 mm) de la esquina y que la otra orilla esté a plomo. Clave provisionalmente el panel por la parte de arriba en la pared.

6 Abra el compás a 1-¼″ (31.75 mm). Con la punta puesta en la esquina de la pared y el lápiz sobre la cara del panel, corra el compás desde arriba hasta abajo. Las irregularidades de la esquina se marcan en el panel. Desclave el panel.

7 Coloque el panel con la cara hacia arriba y corte el perfil resultante de la marca del compás con la sierra caladora. Para evitar que se astille, utilice una segueta de corte para madera de dientes finos. El panel ya cortado ajusta perfectamente en la esquina de la pared.

Cómo colocar paneles de madera

1 Aplique tinte en la pared a lo largo de la línea marcada con la cuerda de la plomada; de esta forma no se verá la pared por las juntas que queden entre panel y panel. El tinte debe ser del mismo color que tengan las orillas del panel, que puede ser más oscuro que el resto de la cara del panel.

2 Con una pistola para resanar, aplique el adhesivo en tiras de 1″ (25.4 mm) de longitud y que queden a 6″ (152.4 mm) una de otra. La línea que forme el adhesivo debe quedar a 1″ (25.4 mm) de la línea marcada con la plomada; de esta forma se evita que el adhesivo pudiera salir por la junta formada por los paneles. Si se trata de una construcción nueva, el adhesivo se aplica directamente en los montantes.

3 Clave el panel a la parte superior de la pared; utilice clavos sin cabeza 4d puestos cada 16″ (306.4 mm). Presione el panel contra los hilos del adhesivo; después, retire el panel de la pared. Vuelva a presionar el panel contra la pared cuando el adhesivo empiece a estar pegajoso, lo que toma unos dos minutos.

4 Coloque los siguientes paneles de manera que quede un pequeño espacio en sus orillas. Este espacio deja que el panel se expanda en tiempo húmedo. Con una moneda pequeña se mide el claro, puesta de canto para que sirva como calibrador.

Cómo cortar aberturas en los paneles de madera

1 Mida las aberturas de puertas y ventanas y marque el perímetro de las mismas en la parte trasera del panel.

2 Cubra con gis o con lápiz labial las orillas de las cajas de las salidas de la instalación eléctrica y de la línea telefónica; igual procedimiento aplique con las salidas de la calefacción.

3 Presione el panel contra la pared. Los contornos de las cajas y ventilas quedan marcadas en el respaldo del panel.

4 Coloque el panel boca abajo. Taladre un barreno piloto en una de las esquinas del contorno de la caja o ventila. Haga los cortes con la sierra caladora; utilice una hoja para cortar madera de dientes finos.

Perfiles y molduras

Moldura superior o remate

Moldura para cielo raso o corona

Friso colonial

Riel de montura

Friso tipo rancho

Celosía

Tope colonial

Tope para puerta de dos hojas

Esquinero exterior

Esquinero interior

Listoncillo de base

Cuarto dosel

Las herramientas indispensables para hacer trabajos con perfiles y molduras de madera son las siguientes: un lápiz bien afilado, un serrucho bien afilado y una caja para corte de ingletes de buena calidad. Estas herramientas permiten marcar y cortar los ingletes con precisión. El objetivo principal de la carpintería de adorno es que todas las juntas queden perfectas. Para lograrlo, lo aconsejable es rentar o comprar una caja para corte de ingletes o una sierra eléctrica para ingletes.

Los pasos básicos para colocar perfiles y molduras de madera que aquí se muestran, y un poco de práctica, harán que llegue a realizar trabajos en los que combine dos o más molduras para que sus diseños tengan su toque personal.

Antes de empezar
Herramientas y materiales: lápiz bien afilado, cinta métrica, acanalador con brocas para cantear, caja para ingletes, arco para calar, molduras de madera, clavos sin cabeza y punzón.

Cómo cortar sus propias molduras

Caja para ingletes y serrucho de costilla. Estas dos herramientas son necesarias para hacer cortes precisos en ángulo de madera para acabado, como son las molduras en ángulo para los marcos de ventanas y puertas.

Cómo hacer cortes en inglete en las molduras

Corte de chambranas. Las chambranas se cortan a 45° con su lado plano puesto contra la base de la caja para ingletes. Los zócalos se cortan a 45° con su lado plano colocado verticalmente en la regla trasera de la caja para ingletes.

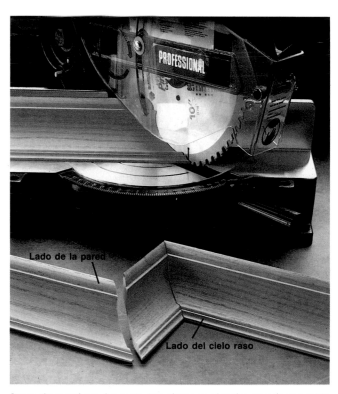

Lado de la pared

Lado del cielo raso

Corte de cornisas. La parte que ajusta en el techo se coloca contra la base de la caja para ingletes. La parte que va en la pared se corta puesta contra la regla trasera de la caja para ingletes.

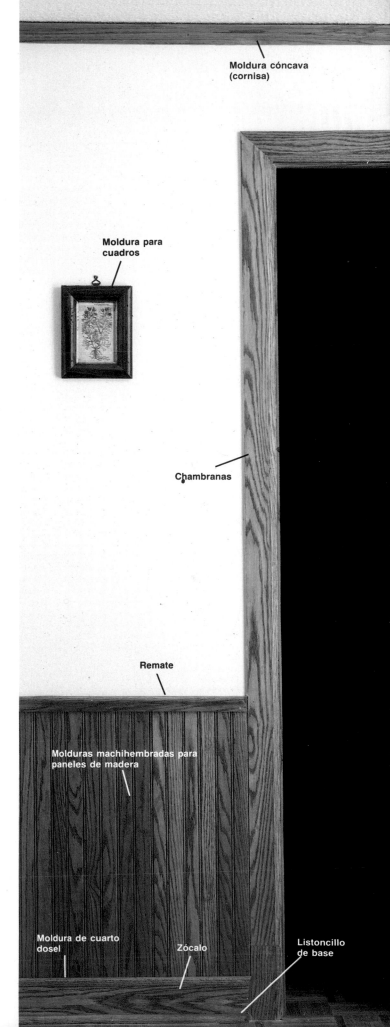

Moldura cóncava (cornisa)

Moldura para cuadros

Chambranas

Remate

Molduras machihembradas para paneles de madera

Moldura de cuarto dosel

Zócalo

Listoncillo de base

Cómo cortar y ajustar zócalos

1 En las esquinas interiores, coloque una parte del friso inferior o zócalo en la pared. Al reverso del zócalo adyacente, dibuje el perfil del friso con un lápiz.

2 Con una segueta para calar, corte el friso siguiendo el perfil marcado. Sujete la pieza de madera con una prensa de mano; la segueta debe mantenerse perpendicular en relación con la cara del zócalo.

3 Ajuste las dos piezas en la esquina. El friso recortado debe ajustar apretado con el zócalo que forma la escuadra.

4 Las esquinas exteriores se ajustan con los dos frisos cortados a 45° con ingletes opuestos. Utilice clavos sin cabeza para fijar los zócalos; con el punzón se embuten los clavos (página 20).

5 Para cubrir espacios largos, las piezas se cortan con ángulos paralelos a 45°. La junta en inglete (empalme) no se puede abrir y quedar separada si la madera se encoge.

Cómo combinar molduras

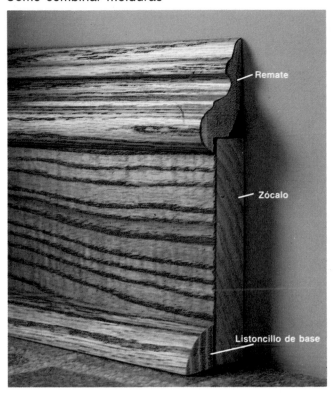

Pedestal. Un friso de pedestal combina una moldura superior, una tabla como zócalo y una moldura inferior. Clave las molduras horizontalmente en los miembros del bastidor. No las clave en el piso.

Cornisa colgante. Para formarla se utilizan dos molduras dobladas. El listón cuadrado en la esquina se utiliza como superficie para clavar las molduras.

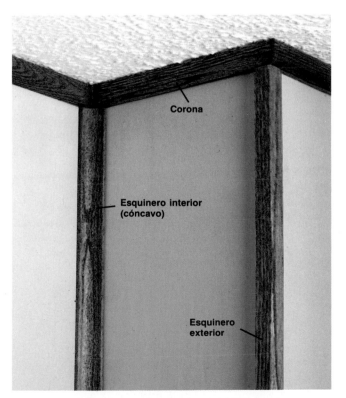

Molduras interiores y exteriores para esquinas. Estas molduras dan elegancia a la habitación. Se acostumbra que las molduras de las esquinas lleven una moldura como coronamiento a lo largo de las líneas del techo.

Molduras superiores. Las molduras superiores se utilizan para formar una montura en las paredes con paneles de madera.

Pared
nueva

Bastidor de 3 × 4

Pared
anterior

Tablero
Sound Stop®

Paredes y techos a prueba de ruido

La manera más fácil de construir una habitación a prueba de ruido es utilizar los materiales adecuados desde el principio, cuando los bastidores todavía se encuentran expuestos. Las paredes ya terminadas también pueden hacerse a prueba de ruido si se les colocan materiales especiales, como los paneles Sound Stop® o una cubierta adicional de pared de yeso montada en canales de acero resilente. Estos métodos acolchan las paredes para que no se transmita el ruido.

Los techos y paredes se clasifican por su capacidad de transmisión del ruido de acuerdo con el sistema STC, por sus siglas en inglés —Sound Transmission Class. Entre más alto sea el número STC, más silencio habrá en la habitación. Por ejemplo, si la pared tiene una clasifi-

cación de 30 a 35 STC, se escucha una conversación a través de ella. A 42 STC, la conversación se reduce a un murmullo, y a 50 STC, no se escucha nada.

La construcción normal alcanza una clasificación de 32 STC, mientras que las paredes y techos a prueba de ruido deben alcanzar 48 STC.

Antes de empezar
Herramientas y materiales para construir paredes nuevas: soleras, inferior y superior, de 2 × 6, algodón de fibra de vidrio aislante.
Herramientas y materiales para poner aislamiento a paredes comunes: panel Sound Stop®, canales de acero resilente, tabla-roca de 5/8″ (15.875 mm) de grueso.

Un buen consejo: cuando construya una pared nueva, resane las aberturas que quedan alrededor del piso, las paredes y el techo. De esta manera se reduce la transmisión de los sonidos.

Construcción de pisos y cielo raso normal y a prueba de ruido

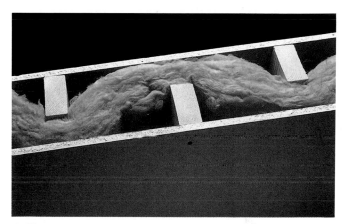

Construcción estándar. Este tipo de techo se hace con madera terciada puesta sobre un entrepiso de madera y un tablero como techo de 1/2″ (12.7 mm) de ancho. Su clasificación en la transmisión de sonido es de 32 STC.

Construcción a prueba de ruido. En esta construcción se utiliza alfombra y acolchonamiento en el techo, algodón de fibra de vidrio aislante, canales de acero resilente clavados a los travesaños y tablero de 5/8″ (15.875 mm) de grueso en el techo. Su clasificación en la transmisión de sonido es de 48 STC.

Cómo construir paredes a prueba de ruido

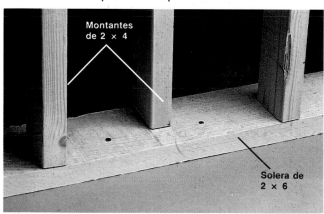

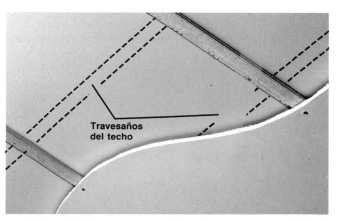

1 Construya las paredes con soleras superiores e inferiores de 2 × 6. Coloque montantes de 2 × 4 cada 12″ (304.8 mm); deben quedar alternados, uno a una orilla de la solera y el siguiente en la orilla opuesta.

2 Entreteja el algodón de fibra de vidrio entre los montantes de 2 × 4 por toda la pared. Si el tablero que cubre la pared tiene 1/2″ (12.7 mm) de grueso, su clasificación en la transmisión de sonido alcanza 48 STC.

Cómo hacer a prueba de ruido paredes y techos

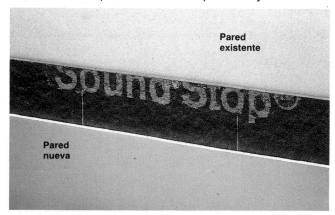

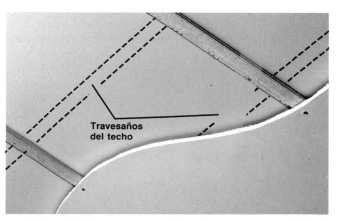

Tablero Sound Stop®. Este tablero se clava en la pared ya construida. Utilice clavos para tablero de 1-1/2″ (38.1 mm). Con pegamento para construcción se pega el tablero de 1/2″ (12 mm) de grueso sobre la capa de Sound Stop®. Su clasificación en la transmisión de sonido es de 46 STC.

Tablero para el techo. Con los canales de acero resilente puestos en el techo cada 24″ (609.6 mm), perpendiculares a los travesaños existentes, se coloca un tablero de 5/8″ (15.875 mm) de grueso; utilice tornillos para tablero de 1″ (25.4 mm). Su clasificación en la transmisión de sonido es de 44 STC.

Puertas

Colocación de puertas interiores prefabricadas

Una puerta prefabricada se compone de las puertas, las jambas y sus chambranas cortadas en inglete. Las bisagras vienen ya escopleadas en su caja, y los barrenos para las cerraduras y los tornillos ya vienen hechos. El trabajo se reduce a dos operaciones: primero, colocarla en su lugar y ponerla a plomo con la pared y a escuadra con la abertura; después, clavarla y calzarla para que la hoja gire perfectamente.

Antes de empezar

Herramientas y materiales: pata de cabra Wonderbar®, nivel de carpintero, martillo, punzón, serrucho; calzas de cedro, tornillos sin cabeza (4d y 6d).

Un buen consejo: si le va a dar un acabado a la unidad, antes de instalarla conviene pintarla o teñirla y darle el acabado.

Cómo colocar una puerta interior prefabricada

1 Quite el empaque. Inspeccione la puerta para cerciorarse de que no esté dañada. La puerta está montada en una parte del marco y viene empacada con la otra parte del marco ya cortado en inglete.

4 Los espacios entre las jambas y los marcos en las bisagras y en la cerradura se cubren con calzas. Fije las jambas al marco con clavos sin cabeza 6d que pasen por las calzas.

2 Coloque la puerta dentro de su marco. Para ponerla a nivel utilice el nivel de carpintero.

3 Para poner a plomo la puerta, inserte cuñas entre las jambas y el marco en el lado donde van las bisagras. Introduzca las cuñas con golpes ligeros de martillo hasta que el nivel marque que las jambas están a plomo.

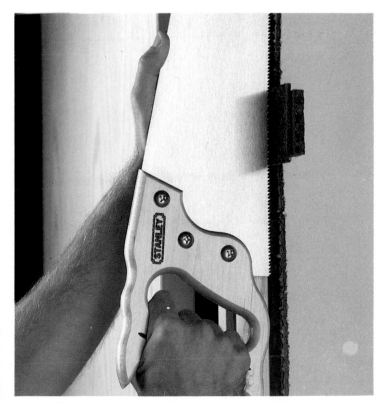

5 Corte las cuñas con el serrucho. Se debe mantener el serrucho en posición vertical para evitar dañar las jambas o la pared.

6 Clave las molduras ya cortadas en inglete a las jambas; utilice para esto clavos sin cabeza 4d espaciados a 16″ (406.4 mm). Con el punzón embuta los clavos (página 20).

Recorte de una puerta interior

Las puertas prefabricadas dejan un claro de 3/4″ (19.05 mm) entre el piso y el bastidor. Este claro sirve para que la puerta gire sin atascarse en la alfombra o en el recubrimiento del piso. Sin embargo, si se coloca una alfombra más gruesa o el umbral es más grande es necesario cortar una parte del peinazo inferior con la sierra circular.

Algunas veces hay que hacer cortes más grandes; por ejemplo, en el caso de instalaciones especiales como el cuarto de los niños o un armario pequeño.

Las puertas de tambor tienen un armazón sólido, con sus centros huecos. Si se recorta completamente el peinazo inferior al ajustar la altura de la puerta, se puede volver a colocar para cerrar el hueco del tambor.

Antes de empezar
Herramientas y materiales: cinta métrica, martillo, desarmador, cuchilla, caballetes, sierra circular, regla de madera, cincel, prensas de mano; adhesivo para madera.

Un buen consejo: mida con cuidado cuando vaya a cortar una puerta. Se mide desde donde termina la alfombra, no desde el piso.

Cómo recortar una puerta interior

1 Con la puerta en su lugar, mida 3/8″ (9.525 mm) a partir de la superficie del piso o de su cubierta; marque esa dimensión en la puerta. Para desmontar la puerta, quite los pasadores de las bisagras.

2 Marque la línea de corte. Para evitar que la chapa con las vetas de la madera se astille, haga el corte con la cuchilla. Una vez cortada la chapa se puede utilizar con libertad el serrucho.

3 Coloque la puerta sobre los caballetes. Con unas prensas de tornillo, ajuste una regla a lo largo de la línea de corte, para que sirva de guía.

4 Haga el corte de la puerta con la sierra circular. Es posible que quede el hueco formado por las dos tapas de la puerta.

5 Para volver a colocar el peinazo inferior, quite la capa de la chapa con un cincel. Los dos lados del peinazo deben quedar limpios.

6 Aplique pegamento en las dos caras del peinazo. Inserte el marco en la abertura y apriételo con prensas de mano. Limpie el exceso de adhesivo y deje secar toda la noche.

Instalación de la cerradura

Cómo instalar una cerradura de seguridad

Las cerraduras de seguridad tienen tornillos que llegan hasta las jambas de la puerta. Son los seguros del pestillo. Estos seguros se mueven hacia adentro o hacia afuera por medio del mecanismo de la llave.

Este tipo de cerraduras evita que las puertas sean abiertas por la fuerza. Algunas compañías de seguros bajan sus primas si las puertas exteriores cuentan con cerraduras de seguridad.

Antes de empezar

Herramientas y materiales: cinta métrica, taladro, formón; juego para hacer taladros para cerraduras (que tenga cortadora circular y broca plana); cerradura de seguridad (con seguros en el pestillo).

Un buen consejo: las cerraduras de seguridad de doble cilindro tienen cerradura en ambos lados de la puerta. Esta cerradura es la mejor que se puede instalar en puertas que tengan vidrio. Las cerraduras con manija se pueden abrir fácilmente una vez que rompen el vidrio los ladrones.

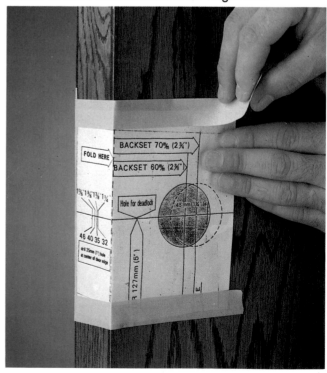

1 Tome medidas para determinar el lugar donde va la cerradura. Con cinta adhesiva coloque la plantilla que viene con la cerradura; una vez colocada sobre la puerta, con un clavo o con una lezna se marca el centro de la perforación para el cilindro y para el pestillo.

2 Con el taladro eléctrico y la sierra de corte, perfore el alojamiento del cilindro. Para evitar que se astille la puerta, perfore hasta que la punta piloto de la sierra de corte (mandril) empiece a salir del otro lado. Saque la broca de la sierra de corte y termine la perforación desde el lado opuesto.

3 Para hacer la perforación para el pestillo en el canto de la puerta, utilice una broca de manita. Asegúrese de que el taladro esté perpendicular al canto de la puerta y perfore hasta que llegue al alojamiento del cilindro.

Apéndice o vástago de arrastre

Tornillos de retención

Mecanismo del pestillo

4 Inserte el pestillo en la perforación hecha en el canto de la puerta. Inserte el apéndice y los tornillos de conexión a través del pestillo; atornille las dos partes del cilindro. Cierre la puerta para ver el lugar en que el pestillo hace contacto con la jamba.

5 Haga un rebajo para colocar la placa de ajuste del pestillo. Utilice un formón para hacer el rebajo, como se ve en las páginas 42 y 43. Con la broca plana haga la perforación en el centro del rebajo para que entre el pestillo. Coloque la placa de ajuste con los tornillos que vienen con la cerradura.

Preservación y reparación de la madera

Todas las maderas, incluso el pino rojo y el cedro, se protegen y duran más si se les da una mano de sellador, tinte o pintura. Periódicamente se deben revisar las puertas exteriores, los marcos y las hojas de las ventanas para que el ataque de los insectos pueda pararse a tiempo, lo mismo que la madera podrida. Antes de que se extienda el daño, las juntas alrededor de puertas y ventanas se resanan y se tapan para impedir el paso de la humedad y de los insectos.

Para reparar el daño en la madera, se utiliza cualquier rellenador de madera epóxico. Este material se puede moldear y formar con facilidad, además de que puede pintarse de inmediato.

Antes de empezar
Herramientas y materiales: cincel, lentes de protección, espátulas, lijadora, martillo para tachuelas, rellenador, tiras de madera, tachuelas.

Protección de la madera. La madera que está expuesta a la intemperie se protege con sellador de color o claro. Para mayor protección, dele un tratamiento de protección a la madera cada año.

Reparación de la madera. La madera dañada o podrida se trata con una pasta de relleno epóxica (ver página opuesta).

Cómo reparar la madera dañada

1 Quite la madera dañada con un cincel o con una cuchilla. Siempre que utilice el cincel para este trabajo debe ponerse lentes de protección.

2 Con tiras de madera marque la forma de la pieza dañada. Impregne las tiras con cera o aceite para que la pasta no se adhiera.

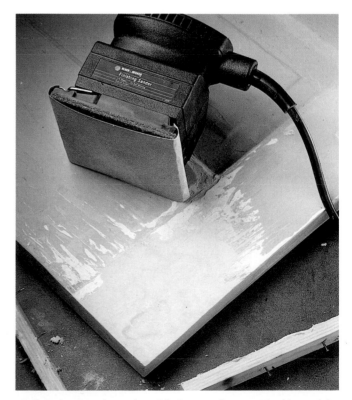

3 Mezcle y aplique la pasta para rellenar de acuerdo con las instrucciones del fabricante. Dele forma al área reparada con una espátula o con la llana para que tenga los mismos contornos de la pieza. Deje que la pasta seque completamente.

4 Quite las tiras de madera. Lije la pasta ligeramente. No se debe lijar de más la pasta porque se tapan todos los poros y se hace difícil la aplicación de tinte o pintura. El acabado se da aplicando el mismo color de pintura o tinte.

Cambio de la puerta de entrada

Cambiar una puerta de entrada que ya está torcida, deja entrar el agua y está en malas condiciones es un trabajo relativamente fácil. Las puertas modernas no dejan escapar el calor; vienen ya listas para instalar con sus jambas y todas las partes para colocar, excepto la cerradura. Las puertas de acero no se tuercen ni se descascaran; son totalmente aislantes y resistentes a la intemperie. Además, son más seguras que las puertas de madera.

Antes de empezar

Herramientas y materiales: cinta métrica, martillo, desarmador, barreta Wonderbar® , cuchilla, pistola para resanar, nivel de carpintero, resanador de silicón, calzas de madera, clavos galvanizados 16d, cerradura.

Cómo desmontar y cambiar la puerta de entrada

1 Mida el alto y el largo de la puerta instalada. Compre la puerta que va a cambiar con las mismas medidas. Saque los seguros de las bisagras con martillo y desarmador. Desmonte la puerta.

2 Con una barreta y el martillo, quite con cuidado las chambranas de la puerta. Guarde estas piezas para volver a instalarlas una vez que esté colocada la nueva puerta.

Moldura de la albañilería

3 Con la cuchilla quite el relleno que está entre el forro y la albañilería del marco de la puerta.

4 Desprenda con la barreta las jambas y el umbral que se van a cambiar. Los clavos de ensamble se cortan con una segueta reciprocante.

(continúa en la siguiente página)

5 Presente la puerta nueva en la abertura y verifique que se ajuste al espacio. Debe quedar ³/₈" (9.525 mm) de claro a los lados y arriba. Retire la puerta.

6 Aplique resanador en la cara del umbral de la nueva puerta para que se forme un sello entre el umbral y el piso. Coloque la puerta en la abertura.

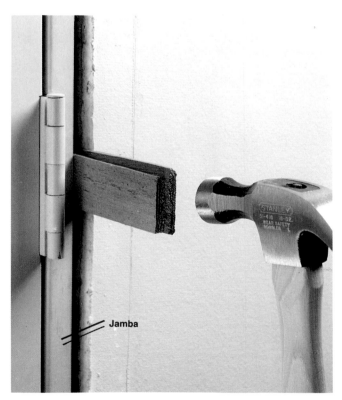

Jamba

7 Con el martillo introduzca las cuñas (tiras de relleno) en los claros que quedan entre el marco y las jambas; la puerta debe quedar a plomo. Coloque cuñas junto a las bisagras y en donde va la cerradura.

8 Clave las jambas y las cuñas en los miembros del marco de la puerta; utilice clavos 16d. Verifique que la puerta está a plomo cada vez que introduzca un clavo.

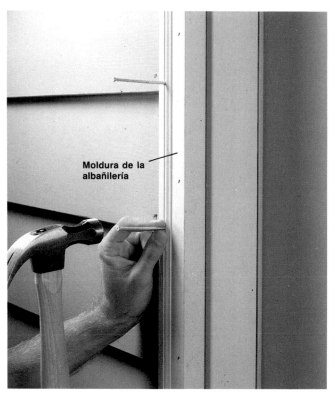

9 Fije la moldura de la pared en el marco de la puerta; utilice clavos galvanizados 16d.

10 Instale nuevamente las chambranas en la parte interior de la puerta. Si las molduras están maltratadas, corte e instale nuevas chambranas.

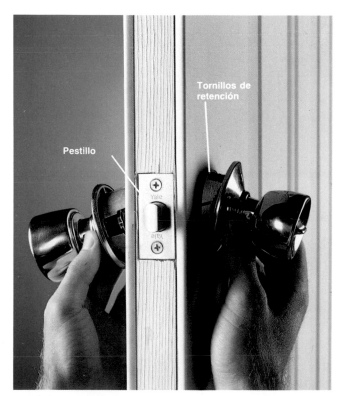

Tornillos de retención

Pestillo

11 Instale una nueva cerradura. Primero se inserta el mecanismo del pestillo en el alojamiento que tiene la puerta. Después se coloca el apéndice a través del pestillo y se atornillan las manijas con sus tornillos prisioneros.

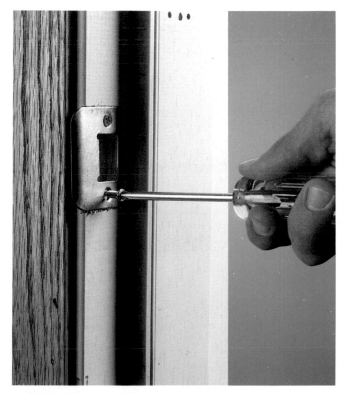

12 Atornille la placa de la cerradura en la jamba y ajuste su posición hasta que quede puesta y entre el pestillo. Resane todas las aberturas que hayan quedado entre el marco y las chambranas.

Índice